中等职业教育国家示范学校系列

教改教材

化工操作综合实训

朱玉林　沈张迪　主　编

罗　瞿　副主编

化学工业出版社

·北京·

内容提要

本书主要内容包括：化工管路拆装、化工单元操作、化工单元仿真操作。本书将化工操作工必须要掌握的技能训练整合在一起，由浅入深，理论与实际相结合，重视实用性和可操作性，旨在培养学生的专业素养和专业能力。

本书可作为中职化工类专业学生的实训教材，也可作为总控工中级考证培训教材。

图书在版编目（CIP）数据

化工操作综合实训/朱玉林，沈张迪主编． —北京：
化学工业出版社，2014.5（2022.8 重印）
中等职业教育国家示范学校系列教材
ISBN 978-7-122-20031-0

Ⅰ．①化…　Ⅱ．①朱…②沈…　Ⅲ．①化工单元操作-
中等专业学校-教材　Ⅳ．①TQ02

中国版本图书馆CIP数据核字（2014）第045703号

责任编辑：旷英姿　　　　　　　　　　　　　文字编辑：孙凤英
责任校对：吴　静　　　　　　　　　　　　　装帧设计：王晓宇

出版发行：化学工业出版社（北京市东城区青年湖南街13号　邮政编码100011）
印　　装：北京虎彩文化传播有限公司
787mm×1092mm　1/16　印张8　字数180千字　2022年8月北京第1版第4次印刷

购书咨询：010-64518888　　　　　　　　　　售后服务：010-64518899
网　　址：http://www.cip.com.cn
凡购买本书，如有缺损质量问题，本社销售中心负责调换。

定　　价：24.00元

FOREWORD

　　本书是根据化工专业"职业导向、分类培养"人才培养方案，并结合现代化工企业对化工人才规格要求，借鉴教育部关于化学工艺的教学基本要求而编写，重点由三部分组成，分别是化工管路拆装、化工单元操作、化工单元仿真操作。全部内容的教学时数约为144学时。

　　本书从中等职业技术教育培养生产一线的高技能人才的目标出发，结合双证融通、工学交替和职业资格直通车的教学模式，力争体现现代职业技术教育的特点，着力于学生的职业生涯服务，在教材题例上力求典型、实用、够用，在内容上由浅入深、通俗易懂、主次分明，采用项目化教学，突出学生的学以致用，以适应中职院校化工工艺类及相关专业教学的需要。

　　本书由平湖职业中等专业学校朱玉林、沈张迪主编，金华职业技术学院罗罹任副主编。全书绪论及第一部分由朱玉林编写，第二部分由罗罹编写，第三部分由沈张迪和沈佳渊编写。

　　全书共45个项目，朱玉林统稿并对全书进行校对，由金华职业技术学院俞章毅副教授主审。

　　本书作为中职化工专业学生的实训教材，也可作为总控工中级考证培训教材。本书在编审过程中得到了金华职业技术学院材料与制药学院老师的大力支持，北京东方仿真软件技术有限公司、浙江中控科教仪器设备有限公司给予了大力的帮助，评审专家给予了指导和帮助，并提出许多宝贵意见，对此编者一并表示衷心的感谢。

　　由于时间仓促，水平有限，书中难免存在疏漏和不妥之处，恳请同仁及读者批评指正。

编　者

2014年1月

目录 CONTENTS

绪 论

一、化工操作综合实训的目的

化工操作综合技能训练是化工单元操作、化工单元仿真课程的实践性教学环节。化工过程中每个化工单元操作相当于化工生产中的一个基本过程，所以它具有明显的工程性的特点。它不仅涉及工艺过程，也涉及化工仪表及自动化和化工设备。通过实践教学环节，不仅可以验证基本理论，加深对课堂教学内容的理解，更重要的是培养学生的实践操作技能和团队协作精神，增加分析并解决工程实际问题的能力，为在化工企业中担任操作工打下基础，也是学生具有中级工应会技能的需要。通过技能训练，应达到如下目的。

（1）将理论知识应用于操作，通过操作加深对理论知识的理解和提升。

（2）熟悉常见的单元操作设备的基本构成和流程。

（3）掌握典型化工单元设备的基本操作，熟悉各种操控因素对操作结果的影响并能正确且安全有效地进行调控，能分析处理简单的故障。

（4）熟悉常见的化工仪表和化工设备性能和使用方法，并能进行简单的维护、维修。

（5）能正确处理并分析操作结果，能运用计算机等工具对结果进行处理，并对结果进行分析讨论。

（6）培养学生肯做事、会做事、做成事的能力。

二、化工操作综合实训过程要求

整个训练过程内容包括：预习、操作、测定、记录和整理数据、编写报告等环节，各环节的要求如下。

1.操作前的准备和预习

（1）认真阅读指导书，复习课程教材中的有关内容，根据训练目的要求明确任务，掌握操作的原理。

（2）到实训室现场观看设备流程、主要设备的构造、仪表种类和安装位置，了解它们的启动和使用方法（但不要擅自启动，以免损坏仪表设备或发生其他事故）。摸清测试点、控制点的方位。

（3）明确实训内容和操作过程，了解标准仪器仪表的使用方法，并编写预习报告。

2.操作过程注意事项

在开始操作前必须先检查设备仪表是否正常。

（1）检查设备、管道上各个阀门的开、闭状态是否合乎流程要求。

（2）接通电源后检查各仪表是否能正常指示。

（3）泵、风机、压缩机、真空泵等转动及运动的设备，启动前先盘车检查，看能否正常运转。

（4）设备启动运转前须经指导人员检查。

（5）化工操作实验前要认真听实验指导教师讲解，仪表调校和系统接线完成后，经指导教师检查无误，方可接通电源。未经允许，不得随便挪用或更换实验用仪表，如有损伤要及时报告指导教师处理。

（6）化工操作实验过程中应注意安全，杜绝事故，实验中若有异常，要立即断掉电源。实验完毕，将实验仪器放回原处，离开实验室要断开电源，并搞好卫生。

操作过程中注意分工配合，既能保证操作质量，又能获得全面训练。每个小组要有一个组长，组长负责训练方案的执行、联络和指挥，每个组员都应各有专责（包括操作、读取数据及现象观察等）。操作过程中应注意观察仪表的变化，保证操作过程在稳定条件下进行。出现异常变化时要分析原因并做及时调整。设备及仪表有异常情况时，应及时报告指导教师并按停车步骤紧急停车。操作结束后切记按操作顺序切断相关的气源、水源、电源，将阀门调整到应处的开或关状态，确保安全后再离开。

3.测取数据

（1）凡是影响操作结果或在数据整理过程中所必需的数据都要测取，包括大气条件、设备有关尺寸、物料性质以及操作数据等。

（2）并不是所有数据都要直接测取，凡可以根据某一数据导出或从手册中查出的其他数据，不必直接测定。例如水的黏度、密度等物理性质，一般只要测出水温后即可查出，因此不必直接测定水的黏度、密度，而应该改测水温。

4.读取数据、做好记录

（1）操作时一定要在现象稳定后才开始读数据，条件改变后，要稍等一会儿才能读取数据，这是因为稳定需要一定时间（有的操作甚至要很长时间才能达到稳定），而仪表通常又存在滞后现象的缘故。不要条件一改变就测数据，引用这种数据做报告，结论是不可靠的。

（2）同一条件下至少要读取两次数据，而且只有当两次读数相接近时才能改变操作条件，以便在另一条件下进行观测。

（3）同一操作条件下，不同参数最好是数人同时读取，若操作者同时兼读几个数据时，应尽可能动作敏捷。每个数据记录后，应该立即复核，以免发生读错或写错数字等现象。

（4）数据记录必须真实地反映仪表的精确度，设备上的一次仪表一般要记录至仪表上最小分度以下一位数。例如温度计的最小分度为1℃，如果当时温度读数为24.6℃，这时就不能记为25℃，如果刚好是25℃整，则应记为25.0℃，而不能记为25℃，因为这里有一个精确度的问题。一般记录数据中末位都是估计数字，如果记录为25℃，它表示当时温度可能是24℃，也可能是26℃，或者说它的误差是±1℃，而25.0℃则表示当时温度是介于24.9～25.1℃之间，它的误差是±0.1℃。但是，用上述温度计时也不能记为24.58℃，因为它超出了所用温度计的精确度。仪表柜上的二次仪表则直接记录仪表显示的实际读数。

（5）记录数据要以当时的实际读数为准，例如规定的水温为50.0℃，而读数时实际水温为50.5℃，就应该记50.5℃。

（6）数据记录过程中还应注意仪表读数变化的规律，当出现不符合规律的变化情况时，应注意判断是仪表的随机波动还是过程出现异常，以便及时发现问题、解决问题。

5.整理数据

（1）原始记录数据只可进行整理，绝不可修改。经判断确系过失误差所造成的不正确数据可进行删除。

（2）数据整理时应根据有效数字的运算规则，舍弃一些没有意义的数字。一个数据的精确度是由测量仪表本身的精确度所决定的，它绝不会因为计算时位数增加而提高。但是，任意减少位数却是不允许的，因为它降低了应有的精确度。

（3）数据整理时，如果过程比较复杂，数据又多，一般以采用列表整理法为宜，同时应将同一项目一次整理。这种整理方法不仅过程简单明了，而且节省时间。

（4）要求以一次数据为例子，把各项计算过程列出，以便检查。

（5）数据整理时还可以采用常数归纳法，将计算公式中的常数归纳，作为一个常数看待。

6.编写操作训练报告

操作完成后，必须以严格的科学态度，按指导书的要求认真写好单元操作训练报告。报告应写得简单明白、一目了然，这就要求数据完整，交代清楚，结论明确，有讨论，有分析，得出的公式或线图有明确的使用条件。报告的格式一般应包括下列各项内容：

（1）技能训练项目的名称；

（2）写报告人及共同测定人员的姓名、操作日期；

（3）训练目的；

（4）操作原理；

（5）操作设备流程示意图；

（6）操作过程和步骤；

（7）操作数据记录；

（8）数据整理及计算示例，引用其中一组数据（要注明来源），要列出这组数据的计算过程，作为计算示例；

（9）操作结果和分析讨论；

（10）回答思考题。

第一部分

化工管路拆装

一、实训目的

1.掌握化工工艺流程图的识读。

2.掌握化工工艺流程图绘制的方法和步骤。

3.了解阀门的种类和用途。

4.掌握阀门的选用与安装。

5.掌握截止阀、闸阀、球阀、安全阀、仪表调节阀的结构及工作原理。

6.能根据流体输送流程简图，准备安装管线所需的管件、仪表等以及所需的工具和易耗品。

7.掌握管线的正确组装和管道试压。

8.掌握管线的拆除程序。

9.能做到管线拆装过程中的安全规范。

二、操作的重点、难点

重点：1.绘制工艺流程图。

2.截止阀、闸阀、球阀、安全阀、仪表调节阀的结构及工作原理。

3.管线的正确组装和管道试压、化工管路安装基本操作。

难点：1.掌握其中各种阀门及管件的画法。

2.阀门的选用与安装。

3.能根据流体输送流程简图，准备安装管线所需的管件、仪表等以及所需的工具和易耗品。

三、操作要领

（一）化工工艺流程图的识读、绘制的方法和步骤

1.识读工艺流程图

（1）了解掌握物料介质的工艺流程，设备的数量、名称和设备位号，所有管线的管段号、物料介质、管道规格、管道材料，管件、阀门及控制点（测压点、测温点、流量、分析点）的部位和名称及自动控制系统。

（2）了解与工艺设备有关的辅助物料水、气的使用情况。

2.工艺流程图绘制

工艺流程图一般按工艺装置的主项（工段或工序）为单元绘制，流程简单的可以画成一张总工艺流程图，绘制方法可按化工制图要求进行。

3.工艺管道及仪表流程图

工艺管道及仪表流程图包括：①工艺设备一览表的所有设备（机器）；②所有的工艺管道，包括阀门、管件、管道附件等，并标注出所有的管段号及管径、管材、保温情况等；③标注出所有的检测仪表、调节控制系统；④对成套设备或机组在带控制点工艺流程图中以双点划线框图表示制造厂的供货范围，仅注明外围与之配套的设备、管线的衔接关系。

（二）阀门的选用与安装

（1）阀门识别：正确判定常用阀门的名称及结构型式。如截止阀、闸阀、球阀等。

（2）掌握阀门的故障判断，内漏和外漏问题。

（3）阀门的选用。

① 一般开关情况下应首先选闸阀。

② 对要求有一定调节作用的开关场合和输送液化石油气、液态烃介质的场合，宜选用截止阀。

③ 对于可能含有固体颗粒的非清洁液体宜采用球阀。

④ 对于要求能自动防止介质倒流的场合选用止回阀。

（4）阀门的安装。

① 仔细核对所有阀门的型号规格是否与设计相符，能否满足使用要求。

② 阀门的安装位置不应妨碍设备、管道及阀门本身的拆装、维修和操作。

③ 对于有方向性的阀门，安装时应根据管道的介质流向确定其安装方向。

（三）化工管路安装基本操作

（1）熟悉各种工具的正确使用方法，如扳手、螺丝刀、角尺、管钳、切管器、套丝机、找正仪等。

（2）管路安装顺序是由下到上，先主路，后支路，最后仪表。将管件、仪表、阀门按流体输送图进行安装。阀门需关闭安装且注意介质流向，安装过程保证横平竖直，水平管其偏差不大于15mm/10m，但其全长偏差不能大于50mm，垂直管偏差不能大于10mm。

（3）安装完毕打开泵的进口阀和放空阀，往管路中灌水，检查管路是否泄漏。如发生

泄漏，关闭进水阀，进行检修，直到无泄漏为止。

（4）管道试压：实验压力（表压）为工作压力的1.5倍，但不小于200kPa，保压时间5min。试压过程中如发现泄漏，需先泄压再检修，严禁带压返修。

（5）试压合格后先泄压，然后打开排液阀、放空阀将水排尽，将所有阀门恢复关闭状态进行管路拆除。管路拆除顺序是由上到下，先拆仪表、附件，后拆管线。

四、设备与工具

（1）管路拆装实训装置。

（2）铅笔、直尺、A4纸。

（3）呆扳手（24，19）、活动扳手（475）、管钳（375）、游标卡尺、卷尺。

（4）橡胶垫片、螺栓、螺母、垫片、垫圈。

五、操作安全事项

（1）实训操作时需穿工作服并佩戴安全帽。

（2）工具按使用规范正确使用，防止使用不当损坏工具。

（3）所有零部件在拆卸、安装过程中要轻拿轻放（特别是转子流量计这样的玻璃零件）。

（4）高处的零件一定要拿稳扶好，小心掉落伤人。

项目一　熟悉管路中的管件、阀门、管子、仪表

```
日期_____年_____月_____日
星期_____节次_____
```

一、实训目的

1. 了解阀门的种类和用途；
2. 掌握阀门的选用与安装；
3. 掌握截止阀、闸阀、球阀、安全阀、仪表调节阀的结构及工作原理；
4. 认识简单的化工管路。

二、实训设备

1. 管路拆装实训装置；
2. 工作服；
3. 安全帽等。

三、实训内容

认识管路中的各种管件、阀门。

活动一

阀门的认识

工作步骤：

1.进入现场听教师安排工作任务。

2.观看实训装置。

3.了解阀门的种类和用途。

4.列出常用的几种阀门的工作原理和使用范围。

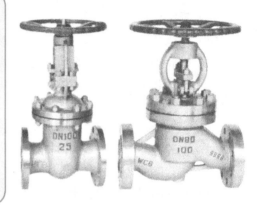

活动二

认识化工管路

工作步骤：

1.认识装置中的各种管子和管件，了解管材。

2.认识装置中的各种管子和管件的作用。

3.认识装置中的各种仪表及其工作原理。

写一写

管路拆装实训装置上有哪几种阀门、管件、仪表

阀门：

管件：

仪表：

项目二　绘制化工管路系统流程图

日期＿＿＿＿＿年＿＿＿＿月＿＿＿＿日

星期＿＿＿＿节次＿＿＿＿

一、实训目的

1.认识化工管路材料及标准化知识；

2.识别化工管路的标准及钢管管件、阀门；

3.绘制化工管路系统流程图。

二、实训设备

1.管路拆装实训装置；

2.工作服、安全帽等；

3.铅笔、直尺、A4纸。

三、实训内容

管路流程图的绘制。

活动一

认识管路拆装实训装置

工作步骤：

1.认识本管路拆装实训装置的各种管子、管件、阀门、仪表、动力设备等。

2.确定液体输送流程。

3.确定各种管子、管件、阀门、仪表、动力设备的作用。

画一画

下列阀门、仪表在流程图上都是怎么画的？

截止阀：　　　　　闸阀：

球阀：　　　　　　转子流量计：

安全阀：　　　　　压力表：

活动二

绘制化工管路系统流程图

工作步骤：

1.确定各种管子、管件、阀门、仪表、动力设备的画法。

2.绘制工艺流程图。

项目三　化工管路拆除的一般原则及基本操作

日期_____年_____月_____日

星期_____节次_____

一、实训目的

1.熟练掌握管路拆装工具的使用；

2.掌握管线的拆除程序；

3.能做到管路拆除过程中的安全规范；

4.培养团队协作意识和精神。

二、实训设备

1.管路拆装实训装置；

2.工作服、安全帽、扳手等；

3.各种管路拆装工具。

三、实训内容

管路设备的拆除。

活动一

管路拆装工具的使用

工作步骤：

1. 认识各种拆装工具。

2. 认识各种扳手的使用原则。

3. 正确使用拆装工具。

活动二

化工管路的拆除

工作步骤：

1. 按每4人分为一组。

2. 注意管路拆除顺序是由上到下，先拆仪表、阀门，后拆管线，切记拆除前关闭泵的进出口阀门和打开排液阀、放空阀。

3. 拆除化工管路的实训装置并有序摆放。

项目四 化工管路安装的一般原则及基本操作

日期_____年_____月_____日

星期_____节次_____

一、实训目的

1. 熟练掌握管路拆装工具的使用；

2. 掌握管线的装配程序；

3. 能做到管线装配过程中的安全规范；

4. 培养团队协作意识和精神。

二、实训设备

1. 管路拆装实训装置的材料；
2. 工作服、安全帽等；
3. 各种管路拆装工具；
4. 工艺流程图。

三、实训内容

化工管路的安装。

活动一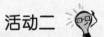

工艺流程图的解读

工作步骤：

1. 按每4人分为一组。
2. 识读工艺流程图。

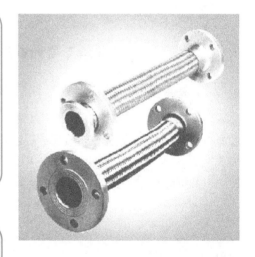

活动二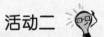

化工管路装配

工作步骤：

1. 根据工艺流程图装配需要领取各种工具和材料。

2. 管路安装顺序是由下到上，将管件、仪表、阀门按流体输送图进行安装；阀门需关闭安装且注意介质流向，安装过程保证横平竖直，水平管其偏差不大于15mm/10m，但其全长偏差不能大于50mm，垂直管偏差不能大于10mm。

3. 根据工艺流程图装配并计时。

项目五　化工管路试运行

日期_____年_____月_____日

星期_____节次_____

一、实训目的

1.进一步掌握离心泵的启动和停车方法；

2.掌握各种阀门的使用方法；

3.检查化工管路装配的效果，掌握调节的方法。

二、实训设备

1.管路拆装实训装置；

2.工作服、安全帽等；

3.各种管路拆装工具；

4.水源。

三、实训内容

化工管路试运行。

活动一

水源准备

工作步骤：

1.按每4人分为一组。

2.检查各阀门是否处于关闭状态。

3.开启进水阀门在水箱中贮水。

活动二

离心泵启动

工作步骤：

1.开启泵前阀，打开排气阀给泵灌水，排除空气，防止气缚并检查管路是否渗漏并及时处理。

2.对离心泵进行点动启动。

3.关闭泵进口真空表的阀门启动离心泵。

活动三

化工管路流量调节

工作步骤：

1.调节泵出口阀门读流量计读数控制流量。

2.调节出口旁路阀开度调节流体流量。

3.调节离心泵旁路阀开度调节流体流量。

活动四

离心泵停车

工作步骤：

1.关闭离心泵出口阀门。

2.停泵。

3.关闭其他阀门，打扫卫生。

项目六　化工管路综合实训及考核

```
日期_____年_____月_____日
星期_____节次_____
```

一、实训目的

1.熟练掌握化工管路的拆装；
2.能处理化工管路中流体流动出现异常现象的排除操作；
3.能根据工艺要求正确开出领料单。

二、实训设备

1.管路拆装实训装置；
2.工作服，安全帽等；
3.各种管路拆装工具；
4.水源。

三、实训内容

化工管路综合实训及考核。

活动一

化工管路装配

工作步骤：

1.按每4人分为一组。
2.下发工艺流程图。
3.开出领料单并领料。
4.按工艺流程图进行装配。

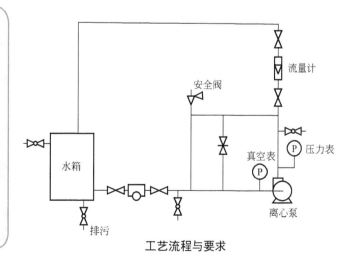

工艺流程与要求

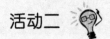

活动二

化工管路检查运行

工作步骤：

1.开启泵前阀，给泵灌水排气，检查管路是否渗漏并及时处理。

2.对离心泵进行点动启动。

3.关闭泵进口真空表的阀门启动离心泵。

4.开启压力表阀门，调节泵出口阀门读流量计读数控制流量。

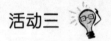

活动三

化工管路拆除

工作步骤：

1.注意管路拆除顺序是由上到下，先拆仪表、阀门，后拆管线，切记拆除前关闭泵的进出口阀门和打开排液阀、放空阀。

2.拆除化工管路的实训装置并有序摆放。

3.做好3Q7S工作。

各组平时综合训练及考核评分标准如下。

管路拆装考核评分表

选手号：　　　　装置号：　　　　考核时间：90min

开始时间$T_0=$　　拆装完成时间$T_1=$　　拆装总用时$T=T_1-T_0$　　实得分=

项目	考核内容	评分标准	分值	记录	扣分
领料 （12分）	领料单评分	每错1件扣1分，扣完为止	10		
	物件堆放位置	每错1件扣1分，扣完为止	2		
安装以及 压力实验 （52分）	管段、阀门、仪表有无装错	每错1处扣1分，扣完为止	10		
	安装或试压时，阀门开关闭状态	每错1处扣1分，扣完为止	6		
	每对法兰连接是否用同一规格螺栓安装，方向是否一致	每错1处扣1分，扣完为止	2		
	每只螺栓加垫圈不超过一个	每错1处扣1分，扣完为止	2		
	安装不锈钢管道时，有无用铁制工具敲击，垫片是否装错	每错1处扣1分，扣完为止	1		
	法兰不平行，偏心	每错1处扣1分，扣完为止	3		

续表

项目	考核内容	评分标准	分值	记录	扣分
安装以及压力实验（52分）	盲板安装是否到位	每错1处扣1分，扣完为止	3		
	试压前是否排净空气	不排净扣2分	2		
	试压若不合格返修过程是否正确	每有1处漏液扣1分，扣完为止	5		
	试压结束后，是否排尽液体	不排尽液体扣2分	2		
	是否完成管道安装	不完成扣6分，不安装扣52分	6		
	压力试验报告单评分	每错1处扣1分，扣完为止	10		
试运行和拆除（22分）	试运行记录单评分	每错1处扣1分，扣完为止	12		
	管内液体是否尽量放尽	不排净扣2分	2		
	拆除后，完好归还和放好仪表、管件、工具等	每错1处扣1分，扣完为止	6		
	拆除结束后是否清扫现场	不清理扣2分	2		
文明安全操作（8分）	整个拆除过程中选手穿戴是否规范	穿戴不规范扣6分	2		
	撞头，伤害到别人或自己等安全操作次数，物品坠落、违规使用工具等	每错1处扣1分，扣完为止	4		
	是否服从管理	不服从管理扣2分	2		
操作质量（6分）	管路拆装过程的合理性	每错1处扣1分，扣完为止	3		
	拆装效率评分	每超2分钟扣1分，扣完为止	3		

你知道吗？

扳手简介

扳手是利用杠杆原理拧转螺栓、螺钉、螺母和其他螺纹紧固件的手工工具。扳手通常在柄部的一端或两端制有夹持螺栓或螺母的开口或套孔。使用时沿螺纹旋转方向在柄部施加外力，就能拧转螺栓或螺母。

扳手通常用碳素结构钢或合金结构钢制造。下图为常用的几种扳手类型。

呆扳手　一端或两端制有固定尺寸的开口，用以拧转一定尺寸的螺母或螺栓。

梅花扳手　两端具有带六角孔或十二角孔的工作端，适用于工作空间狭小，不能使用普通扳手的场合。

两用扳手　一端与单头呆扳手相同，另一端与梅花扳手相同，两端拧转相同规格的螺栓或螺母。

活扳手　开口宽度可在一定尺寸范围内进行调节，能拧转不同规格的螺栓或螺母。

钩形扳手　又称月牙形扳手，用于拧转厚度受限制的扁螺母等。

套筒扳手　它是由多个带六角孔或十二角孔的套筒并配有手柄、接杆等多种附件组成，特别适用于拧转地位十分狭小或凹陷很深处的螺栓或螺母。

内六角扳手　呈 L 形的六角棒状扳手，专用于拧转内六角螺钉。

扭力扳手　它在拧转螺栓或螺母时，能显示出所施加的扭矩；或者当施加的扭矩到达规定值后，会发出光或声响信号。扭力扳手适用于对扭矩大小有明确规定的装配工作。

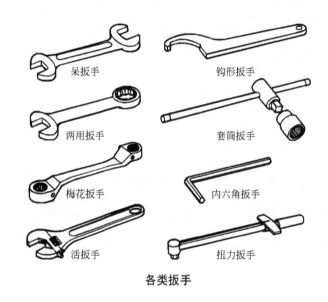

呆扳手　　　　　钩形扳手

两用扳手　　　　套筒扳手

梅花扳手　　　　内六角扳手

活扳手　　　　　扭力扳手

各类扳手

思考题

1. 什么是闸阀？调节流量是用闸阀吗？
2. 化工管路中有哪些管件？各起到什么作用？
3. 化工管路中管子的材料有哪几种？
4. 流量计有哪几种？工作原理有什么不同？安装位置有什么不同？
5. 各种扳手选用的原则是什么？
6. 管路拆除时要注意哪些规范？
7. 螺母螺栓紧固时要注意哪些规范？

PART 02

第二部分
化工单元操作

模块一　流体输送单元

一、流体输送设备装置

　　设备主体：长×宽×高3700mm×2000mm×3600mm，整机采用钢制框架，带两层操作平台，一层平面方便操作、检修、巡查，二层须有安全斜梯通上并有护栏、防滑板，配套现场控制台（含嵌入式微机位、报警器及开关位、二次仪表及显示位）并内含DCS接入口。

工艺设备系统			
项目	设备位号	名　称	规格型号
工艺设备系统	V103	缓冲罐	不锈钢（SU304，下同），ϕ426mm×400mm
	T101	合成器	不锈钢，ϕ325mm×1300mm
	V102	高位槽	不锈钢，ϕ426mm×700mm
	V101	原料槽	不锈钢，1000mm×600mm×500mm
	C101	往复式空气压缩机	0.8MPa启停
	P101	1# 离心泵	不锈钢离心泵
	P102	2# 离心泵	不锈钢离心泵
	P103	真空泵	旋片真空泵

仪表控制检测系统					
	变量	检测机构	显示控制仪表及型号	数量	品牌型号
仪表控制检测系统	1# 原料液泵进口压力	磁柱式电接点压力表 精度：1.5%FS	就地显示并可远传	1	浙江巨化
	1# 原料液泵出口压力	弹簧压力表 精度：1.5%FS	就地显示	1	鹤山仪表
	2# 原料液泵进口压力	压力变送器 精度：1.5%FS	过程控制仪 精度：0.5%FS	1	中控教仪：SP0014
	2# 原料液泵出口压力	压力变送器 精度：1.5%FS	过程控制仪 精度：0.5%FS	1	中控教仪：SP0014
	2# 原料液泵泵转速	光电传感器	过程控制仪 精度：0.5%FS	1	
	2# 原料液泵泵功率	功率变送器	过程控制仪 精度：0.5%FS	1	杭州
	高位槽进口流量	玻璃转子流量计 精度：1.5%FS	就地显示	1	余姚仪表
	高位槽内部压力	弹簧压力表 精度：0.5%FS	就地显示	1	鹤山仪表
	高位槽出口温度检测	铂电阻 精度：B级	过程控制仪 精度：0.5%FS	1	浙江巨化
	高位槽出口流量检测	电磁流量计 精度：0.5%FS	过程控制仪 精度：0.5%FS	1	杭州
	反应器进口直管段/局部管段压差	差压变送器 精度：0.5%FS	过程控制仪 精度：0.5%FS	1	上海：电动调节阀
	反应器压力	真空压力表 精度：1.5%FS	就地显示	1	
	反应器内温度	铂电阻（德标） 精度：0.5%FS	过程控制仪 精度：0.5%FS	1	
	反应器液位	差压变送器 精度：0.5%FS	过程控制仪 精度：0.5%FS	1	上海：电动调节阀
	缓冲罐压力	弹簧压力表 精度：1.5%FS	就地显示	1	
	缓冲罐温度	双金属温度计 精度：0.5%FS	就地显示	1	余姚仪表

续表

	通信监控系统
通信监控系统	MCGS工业组态软件一套（附64点软件狗及说明书），在线监控软件一套
	工控电脑：Lenovo奔四3.0G，内存1GDDR2，硬盘160G，光驱，鼠标，键盘，显示器：17in液晶
	DCS转接卡、I/O卡件、Advantrol组态软件

	智能仪表系统
智能仪表系统	标准电器控制柜：长×宽×深1600mm×600mm×1400mm，内安装漏电保护空气开关、电流型漏电保护器充分考虑人身安全保护；同时每一组强电输出都有旋钮开关控制，保证设备安全，操作控制便捷；装有分相指示灯，开关电源等

注：1in＝2.54cm，下同。

二、工艺流程

　　原料槽料液经原料泵（1#离心泵、2#离心泵）泵入高位槽后，通过调节阀控制高位槽处于正常液位。高位槽内料液经阀门调节进入合成反应器上部，与气相充分接触后，从合成反应器底部出来的液相送至产品槽（原料槽）。

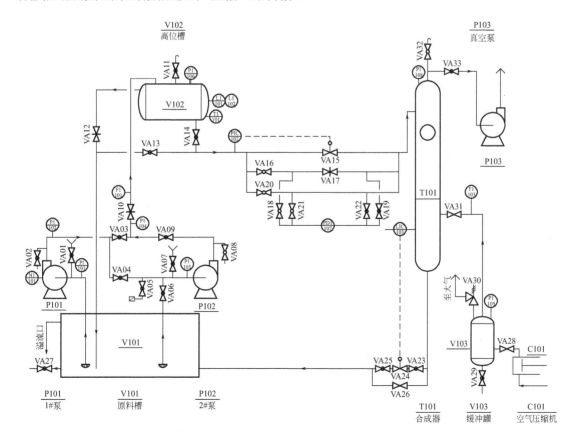

空气经过空气压缩机压缩、缓冲罐后，从合成反应器下部进入，与液相充分接触后，从合成反应器顶部放空。

在真空泵真空作用下，料液从原料水槽抽至合成反应器。

三、吹扫及试压试漏

在装置系统新安装、检修后及长时间未运转时，需进行吹扫及试压试漏。

1.进行单体设备试车

单体设备试车需合格。

2.对系统进行吹扫

拆开阀门、设备进出阀法兰，加入盲板（盲板要有标识和记录），启动空压机，用压缩空气对逐段管段或逐个设备吹净，压力表阀和排污阀通气检查吹净（吹净标准为出口气用白色靶板检查5min无脏物出现）。

3.试压试漏

（1）系统贮罐加水，启动离心泵，至各贮罐加满水，将系统压力打到最大操作压力的1.5倍，保持30min，无泄漏，系统水压试压合格。

（2）压力降至最大操作压力，保压30min，无压力下降，系统气密性试验合格。

四、操作方法

（一）开车

1.开车前准备

（1）关闭原料槽排水阀，原料槽加水至液位计2/3位置。

（2）准备好记录报表。

（3）开通装置所需电源。

（4）试车前准备工作如下。

按本岗位任务检查如下线路及内容。

操作台或操作室内：①各仪表是否通电；②参数是否设定；③开关是否放置在安全位置。

一楼、二楼操作现场：①阀门开关位置是否在安全位置；②现场仪表是否正常指示；③各管道法兰间盲板是否拆除；④检查两台泵、空压机是否处于备用状态；⑤清除泵座及周围一切杂物，清理好现场；⑥检查泵座、电机座螺栓及各部连接螺栓的紧固情况；⑦检查密封是否符合要求；⑧空转电机，检查旋转方向。

开车前系统必须充气，合格后取得同意开车。

2.试车

（1）盘车两周，注意泵内有无异声，盘车是否轻便，盘车后将防护罩装好。

（2）向泵内引入或注满液体，排尽气体（给离心泵灌水，完毕后关闭阀门）。

（3）按泵的启动操作程序启动，启动后运转正常，即可连续运转试车。

（4）试车时间不少于10min，应达到：

① 运转平稳无杂音，冷却、润滑良好；

② 轴承温度正常；

③ 轴承部位壳体的震动不超过规定；

④ 流量、扬程达到铭牌数值或查定能力；电机电流不超出额定值。

（5）试车安全注意事项如下。

① 试车应有组织地进行，并有专人负责试车中的安全检查工作。

② 开停泵由专人操作。

③ 严格按照泵的启动、停止操作程序开停。

④ 试车中如发现不正常的声响或其他异常情况时，应立即停车，检查原因并消除后再试，严禁带故障运行。

3.开车操作

（1）启动1#泵，开离心泵出口阀，逐渐开大阀门，待高位槽有一定液位（1/2液位左右）后，关闭高位槽放空阀，开高位槽出口阀。

（2）待合成器液位在0位以上后，开合成器出口阀，启动空气压缩机，开缓冲罐放空阀，合成器放空阀、合成器进气阀，通过合成器进气阀调节气体流量，通过合成器出口电动调节阀调节合成器液位，通过合成器放空阀调节合成器压力，待液位稳定后，调节合成器电动调节阀至一定开度。

（3）三组阀操作步骤（二楼）。

① 手动操作：各阀门在现场人工操作调节稳定后，切换为仪表控制盘上按钮、开关等操作。

② 自动操作：系统投运到仪表自动控制状态。

（二）操作

（1）根据液体流量调节不同的气体流量，以控制不同的比值。

（2）调节控制高位槽及合成器的液位稳定。

高位槽液位控制：1/2 ～ 2/3 液位计；

合成器液位控制：1/2 液位计。

（3）检查原料水槽液位，控制1/2 ～ 2/3 液位计，及时补充所需用水。

（4）定期对缓冲罐进行排污。

（5）泵并联操作：在1#泵运行的同时，开1#泵出口阀，启动2#泵，开2#泵出口阀，调节液体流量。

（6）泵串联操作：在1#泵运行时，开1#泵出口阀，启动2#泵，开两台泵连接阀，关2#泵出口阀，调节液体流量。

（7）切换水泵操作（2#换1#）：2#泵运行时，启动1#泵运行正常后，再停运2#泵。

项目七　流体输送单元设备及流程认识

日期_____年_____月_____日

星期_____节次_____

一、实训目的

1.了解流体输送各设备的种类和用途；

2.掌握液相输送的工艺流程；

3.掌握气相输送的工艺流程。

二、实训设备

流体输送综合实训设备。

三、实训内容

1.流体输送单元设备的认识；

2.流体输送单元工艺流程的认识；

3.流体输送工艺流程图的绘制。

任务一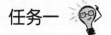

流体输送单元设备的认识

四、设备的简单介绍

1.离心泵；ㅤ　2.压缩机；ㅤ　3.转子流量计；ㅤ　4.空气缓冲罐；

5.高位贮罐；ㅤ　6.合成器；ㅤ　7.电动阀；ㅤ　8.差压计。

写一写

流体输送有哪些方式？ _____

_____

你知道的泵的种类有哪些？ _____

_____

任务二

流体输送流程认识

五、流程介绍

1.原料槽料液经原料泵（1#离心泵，2#离心泵）泵入高位槽后，通过调节阀控制高位槽处于正常液位。高位槽内料液经阀门调节进入合成反应器上部，与气相充分接触后，从合成反应器底部出来的液相送至产品槽（原料槽）。

2.空气经过空气压缩机压缩、缓冲罐后，从合成反应器下部进入，与液相充分接触后，从合成反应器顶部放空。

3.在真空泵真空作用下，料液从原料槽抽至合成反应器。

学生练习

熟悉流体输送各设备并绘制工艺流程图。

项目八　液体输送离心泵的操作

> 日期_____年_____月_____日
> 星期_____节次_____

一、实训目的

　1.熟悉离心泵的结构和特性，掌握离心泵的操作；
　2.学会离心泵特性曲线的测定和绘制方法；
　3.掌握流量调节的方法。

二、实训设备

　不锈钢离心泵、转子流量计。

任务

离心泵的开车、停车及流量调节操作

三、实训内容

　1.离心泵的开停车操作；
　2.离心泵的流量调节操作。

四、操作步骤

　1.打开高位槽放空阀，打开压差传感器平衡阀，关闭离心泵调节阀，打开引水阀，灌泵，反复开、关放气阀，气体被排尽后，关闭放气阀。
　2.关闭引水阀，启动泵。
　3.将阀门开至最大时，待流量表读数稳定后，记录流量表、压力表、真空表、功率表的读数。
　4.将调节阀关小，逐渐改变流量，记录不同流量时的仪表读数。
　5.最后一个点将调节阀关闭，将流量以零计，记录其他三个仪表的读数。
　6.操作结束后，停泵，关闭装置电源，上机进行数据处理。

操作结果记录表

1.记录表格

装置号＿＿＿＿＿　水温＿＿＿＿℃　离心泵型号

离心泵特性曲线数据表

	频率=		转速=	
序号	流量/（L/s）	真空表读数/MPa	压力表读数/MPa	功率表读数/W
1				
2				
3				
4				
5				
6				
7				
8				
9				
10				
11				
12				

2.画出离心泵的特性曲线

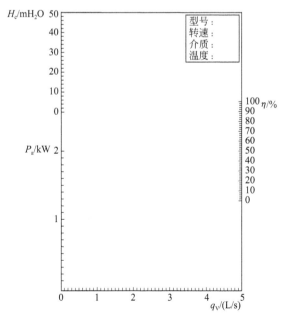

$1mmH_2O=9.80665Pa$，下同

项目九　气体输送压缩机的操作

日期_____年_____月_____日

星期_____节次_____

一、实训目的

1. 掌握空气压缩机的操作方法；
2. 熟悉空气缓冲罐的操作过程；
3. 掌握真空泵的操作及调节方法。

二、实训设备

空气压缩机，空气缓冲罐，真空泵。

三、实训内容

空压机的开停车，压力缓冲罐的调节，真空泵的开停车。

四、操作步骤

待合成器液位在0位以上后，开合成器出口阀，启动空气压缩机，开缓冲罐放空阀、合成器放空阀、合成器进气阀，通过合成器进气阀调节气体流量，通过合成器出口电动调节阀调节合成器液位，通过合成器放空阀调节合成器压力，待液位稳定后，调节合成器电动调节阀至一定开度。

学生练习

完成气体输送的操作。

项目十 流体阻力的测定

日期_____年_____月_____日

星期_____节次_____

一、实训目的

1.进一步掌握流体输送的操作方法；

2.学会流体阻力的测定和比较方法。

二、实训设备

流体输送单元实训设备。

三、实训内容

流体阻力测定与比较。

四、操作步骤

1.阻力测定

（1）开高位槽出口阀放空阀、启动1#泵，开离心泵出口阀，逐渐开大阀门，待高位槽有一定液位（2／3液位左右）后，开高位槽出口阀，控制液位。

（2）流量数据从电磁流量计取得，控制电动阀开度，差压由差压变送器取得，装置正常运行后，打开直管阻力实验的阀门，调节不同流量，观察记录流量变化，测定流体经过直管段的阻力变化。

（3）打开局部阻力实验的阀门，调节与上组相同流量，观察记录流量变化，测定流体经过直管段

的阻力变化。

2.停车操作

（1）按照操作计划装置正常停车。

（2）停车步骤：关闭出口阀门，停离心泵。

（3）打开高位槽塔底回水阀、高位槽放空阀、合成器出口阀，将高位槽、合成器中的液体排空至原料槽，系统放空，关闭阀门。

（4）检查各设备、阀门状态，做好记录。

（5）清理现场，做好设备、电气、仪表等防护工作。

（6）切断装置电源。

学生练习

1.正常操作流体输送装置调节参数；

2.根据多组实训测试数据，进行相关计算。

阻力测定记录表

序号	流量/（L/h）	直管阻力/kPa	局部阻力/kPa

结论：在其他条件不变情况下，同种阻力随流量增大而_____，在其他条件相同情况下，局部阻力_____（大于、小于、等于）直管阻力。

项目十一   流体输送综合操作

日期_____年_____月_____日

星期_____节次_____

一、实训目的

1. 掌握流体输送的操作方法；

2. 学会液体及气体流量的调节。

二、实训设备

流体输送单元实训设备。

三、实训内容

流体输送综合实训。

四、操作步骤

1. 开车操作

（1）启动1#泵，开离心泵出口阀，逐渐开大阀门，待高位槽有一定液位（1／2液位左右）后，关闭高位槽放空阀，开高位槽出口阀。

（2）待合成器液位在0位以上后，开合成器出口阀，启动空气压缩机，开缓冲罐放空阀、合成器放空阀、合成器进气阀，通过合成器进气阀调节气体流量，通过合成器出口电动调节阀调节合成器液位，通过合成器放空阀调节合成器压力，待液位稳定后，调节合成器电动调节阀至一定开度。

（3）三组阀操作步骤。

① 手动操作：各阀门在现场人工操作调节稳定后，切换为仪表控制盘上按钮、开关等操作。

② 自动操作：系统投运到仪表自动控制状态。

2. 正常操作

（1）根据液体流量调节不同的气体流量，以控制不同的比值。

（2）调节控制高位槽及合成器的液位稳定：

高位槽液位控制，1/2～2/3 液位计；合成器液位控制，1/2 液位计。

（3）检查原料槽液位，控制 1/2～2/3 液位计，及时补充所需用水。

（4）定期对缓冲罐进行排污。

（5）泵并联操作：在 1# 泵运行的同时，开 1# 泵出口阀，启动 2# 泵，开 2# 泵出口阀，调节液体流量。

（6）泵串联操作：在 1# 泵运行时，开 1# 泵出口阀，启动 2# 泵，开两台泵连接阀，关 2# 泵出口阀，调节液体流量。

（7）切换水泵操作（2# 换 1#）：2# 泵运行时，启动 1# 泵运行正常后，再停运 2# 泵。

3. 停车操作

（1）按照操作计划装置正常停车。

（2）停车步骤：关空气进口阀门，停空气压缩机，关泵出口阀门，停离心泵。

（3）打开高位槽出口阀、高位槽放空阀、合成器出口阀，将高位槽、合成器中的液体排空至原料水槽，系统放空，关闭阀门。

（4）检查各设备、阀门状态，做好记录。

（5）清理现场，做好设备、电气、仪表等防护工作。

（6）切断装置电源。

学生练习

1. 正常操作流体输送装置调节参数；

2. 根据多组实训测试数据，进行相关计算。

思考题

1. 离心泵的工作原理是什么？

2. 为什么启动离心泵前要向泵内注水？如果注水排气后泵仍启动不起来，你认为可能是什么原因？

3. 为什么离心泵启动时要关闭出口阀门？

4. 为什么调节离心泵的出口阀门可调节其流量？这种方法有什么优缺点？是否还有其他

方法调节泵的流量?

5.正常工作的离心泵,在其进口管上设置阀门是否合理,为什么?

6.为什么在离心泵进口管下安装底阀?从节能观点看,底阀的装设是否有利?你认为应如何改进?

7.为什么停泵时,要先关闭出口阀,再关闭进口阀?

8.为什么流量越大,入口处真空表的读数越大,而出口处压力表的读数越小?

9.离心泵的送液能力为什么可以通过出口阀的调节来改变?往复泵的送液能力是否采用同样的调节方法?为什么?

10.什么是气缚?有什么危害?如何防止?

11.扬程的物理意义是什么?

12.启动泵前,为什么先切断排出管路测压口至压力表的通路?如何切断?

13.两离心泵并联后流量是原来之和吗?为什么?

14.活塞式压缩机的工作原理是什么?

模块二 传热单元

一、传热实训装置介绍

设备主体:长×宽×高3700mm×2000mm×3600mm,整机采用钢制框架,带两层操作平台,一层平面方便操作、检修、巡查,二层有安全斜梯通上并有护栏、防滑板,配套现场控制台[含工业真彩液晶MultiF C3000可编程多回路控制器(有3路程序控制、4路PID控制、8路模拟量输入、具有记录显示功能)、嵌入式微机位、报警器及开关位、二次仪表及显示位]并内含DCS接入口。

工艺设备系统				
项目	名　称	规格型号	数量	备注
工 艺 设 备 系 统	列管式换热器	不锈钢，换热面积 $1.0m^2$，$\phi159mm\times1000mm$，硅酸铝保温棉，镜面不锈钢板外包	1	
	板式换热器	不锈钢换热板，换热面积 $1.0m^2$	1	
	螺旋板式换热器	不锈钢，换热面积 $1.0m^2$	1	
	水冷却器	不锈钢，列管式换热器，换热面积 $1.0m^2$，$\phi108mm\times1000mm$	1	
	蒸汽发生器（含汽包）	不锈钢，$\phi325mm\times720mm$，硅酸铝保温棉，镜面不锈钢板外包，加热功率7.5kW，有安全阀	1	带强制安全阀及液位保护
	风机	风压12kPa，最大流量110m³/h，380V	2	

仪表控制检测系统				
变量	检测机构	显示控制仪表及型号	检测机构数量	执行机构
换热器温度	双金属温度计，精度：1.5%FS	就地显示	8	
风机空气温度	铂电阻，精度：B级	中控C3000过程控制器精度：0.5%FS	2	调压模块
换热器温度	铂电阻，精度：B级	中控C3000过程控制器精度：0.5%FS	8	
压力	弹簧压力表，精度：1.5%FS	就地显示	5	
蒸汽发生器蒸汽压力	压力变送器，精度：0.5%FS	中控教仪：SP1151	1	调压模块
风机出口流量	孔板流量计，精度：1.5%FS	中控C3000过程控制器精度：0.5%FS	2	变频器
液位	压力变送器，精度：0.5%FS	中控教仪：SP1151	1	

通信监控系统
MCGS工业组态软件一套（附64点软件狗及说明书），在线监控软件一套
联想启天M6900电脑：G31主板/E5200/内存2G DDR2/Intel芯片组/硬盘 SATA II 250G 7200转/512M独立显卡/集成声卡/集成千兆网卡/DVD光驱/防水抗菌键盘/USB光电鼠标套装、耳麦、鼠标垫/前二后四USB端口/黑色外观/MTBF大于10万小时/19英寸WLCD液晶屏/机箱安全锁孔/正版WINDOWS XP操作系统带介质
DCS转接卡、I/O卡件、Advantrol组态软件

注：通信监控系统左侧标注「通信监控系统」，智能仪表系统左侧标注「智能仪表系统」。

智能仪表系统
标准电器控制柜：长×宽×深1600mm×600mm×1400mm，内安装漏电保护空气开关、电流型漏电保护器充分考虑人身安全保护；同时每一组强电输出都有旋钮开关控制，保证设备安全，操作控制便捷；装有分相指示灯、开关电源等

二、工艺流程

分别从冷风机和热风机来的冷、热空气在列管式换热器、板式换热器内进行换热，调节合适冷、热风流量、温度，控制各换热器出口冷风温度稳定，冷空气吸热后放空，热空气放热后放空。

从冷风机来的冷风和蒸汽发生器来的蒸汽在套管式换热器内进行换热，调节合适冷风流量、温度和蒸汽压力，控制套管换热器出口冷风温度稳定，冷空气吸热后放空，蒸汽放热后成冷凝水排放。

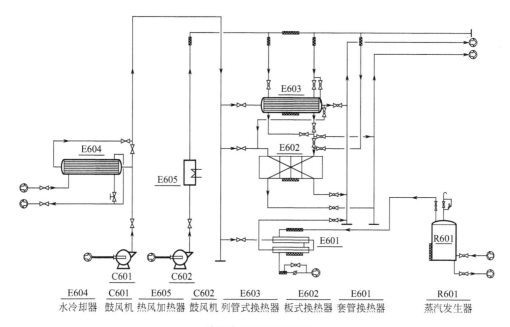

E604	C601	E605	C602	E603	E602	E601	R601
水冷却器	鼓风机	热风加热器	鼓风机	列管式换热器	板式换热器	套管换热器	蒸汽发生器

传热实训流程示意图

 # 项目十二　传热单元设备及流程认识

日期＿＿＿＿年＿＿＿＿月＿＿＿＿日
星期＿＿＿＿节次＿＿＿＿

一、实训目的

1.了解传热单元各设备的种类和用途；
2.掌握传热单元的工艺流程。

二、实训设备

传热单元综合实训设备，列管式换热器、套管式换热器、板式换热器。

三、实训内容

传热单元设备简介及流程介绍。

列管式换热器

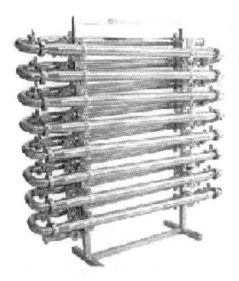

套管式换热器

四、操作步骤

1.分别从冷风机和热风机来的冷、热空气在列管式换热器、板式换热器内进行换热，调节合适冷、热风流量、温度，控制各换热器出口冷风温度稳定，冷空气吸热后放空，热空气放热后放空。

2.从冷风机来的冷风和蒸汽发生器来的蒸汽在套管式换热器内进行换热，调节合适冷风流量、温度和蒸汽压力，控制套管换热器出口冷风温度稳定，冷空气吸热后放空，蒸汽放热后成冷凝水排放。

写一写

实训装置中有哪几种换热器？ _____

_____

你还知道的换热器有哪些？ _____

_____

换热器冷热流体相对流动方式有哪些？ _____

_____

学生练习

1.熟悉本工艺流程，画出本实训工艺流程图；

2.了解本工艺中各设备的种类及用途。

项目十三 列管式、套管式、板式换热器操作

一、实训目的

1. 熟悉三种换热器的结构；
2. 掌握三种换热器的操作方法。

二、实训设备

列管式换热器，套管式换热器，板式换热器。

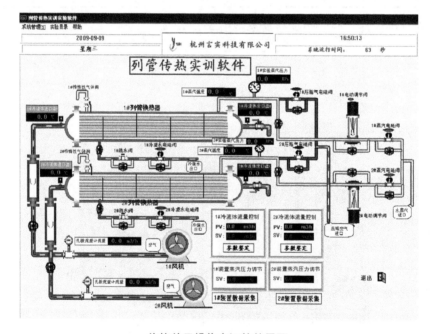

传热单元操作实训软件界面

三、开车操作步骤

1. 开启电源

（1）在仪表操作台上，开启总电源开关，此时总电源指示灯亮；

（2）开启仪表电源开关，此时仪表电源指示灯亮，且仪表上电。

2.开启计算机启动监控软件

（1）打开计算机电源开关，启动计算机；

（2）在桌面上点击"传热实训软件"，进入MCGS组态环境。

3.开启蒸汽发生器

（1）检查蒸汽发生器液位的高度；

（2）打开发生器后的进水阀门，让自来水进入中间水箱；

（3）开启发生器电源：蒸汽发生器压力烧到0.4MPa时自动停止加热。

4.开启左换热器冷流体风机

（1）检查管路各阀门：打开阀VA002、VA105，关闭阀VA230、VA104；

（2）在仪表操作台上，按下"左换热器冷流体风机电源"启动按钮，启动；

（3）调整冷空气流量：①手动，通过调节阀门VA002，调节左换热器冷流体流量；②自动，在仪表操作台上"左换热器冷流体流量手自动控制仪"上设定冷流体设定值为50m^3/h，控制仪自动控制设定的流量值。

5.检查左换热器冷凝水管路。

6.打开左换热器蒸汽管路

在"左换热器蒸汽压力手自动控制仪"上设定蒸汽压力值为150kPa，控制仪会自动控制所设定的蒸汽压力。

7.数据记录

同理进行右换热器的操作并记录数据。

四、停车操作步骤

1.关闭蒸汽发生器

（1）关闭蒸汽发生器进水口阀门；

（2）关闭蒸汽发生器出蒸汽口阀门；

（3）关闭发生器上船型电源开关。

2.关闭综合换热热流体加热电源

在仪表操作台上按下"综合换热加热管电源"停止按钮，断开综合换热加热管电源。

3.关闭左换热器蒸汽。

4.关闭右换热器蒸汽。

5.关闭左换热器冷流体风机。

6.关闭右换热器冷流体风机。

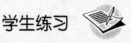

学生练习

　　1.进行列管式换热器的开车运行操作，并调节流量，记录数据；
　　2.进行列管式换热器的停车操作。

实验数据记录表

班级_____姓名_____学号_____
换热器名称_____　　环境温度_____℃

项目	热流体			冷流体		
	进口温度/℃	出口温度/℃	流量计读数/（L/h）	进口温度/℃	出口温度/℃	流量计读数/（L/h）
并流						
逆流						

　　计算逆流和并流时的传热量并比较大小后，你的结论是：_____
_____。

项目十四　传热综合操作

日　期_____年_____月_____日
星　期_____节次_____

一、实训目的

　　1.掌握传热设备的基本操作、调节方法；了解影响传热的主要影响因素；
　　2.掌握传热的开停车操作。

二、实训设备

传热单元综合实训操作装置。

三、实训内容

1.综合传热实训操作；
2.综合换热流体切换操作。

任务

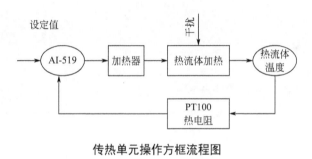

综合传热实训操作

传热单元操作方框流程图

四、开车操作步骤

（1）检查冷流体流量管路各阀门：打开阀门 VA002、VA230、VA016、VA018、板式换热器实验（VA014、VA011）[列管式换热器实验（VA008、VA007）、套管式换热器实验（VA005、VA003）]；关闭阀门 VA015、VA017 及其他换热器冷流体进出阀门（VA008、VA007、VA005、VA003）。

（2）开启左换热器冷流体风机：在仪表操作台上，按下"左换热器冷流体风机电源"启动按钮，启动风机；冷流体流量控制：①手动，通过调节阀门 VA002，调节左换热器冷流体流量20m³/h；②自动，在仪表操作台上"左换热器冷流体流量手自动控制仪"上设定冷流体设定值为20m³/h，控制仪自动控制设定的流量值。

（3）检查热流体流量管路各阀门：打开板式换热器实验（VA013、VA012）[列管换热器实验时（VA009、VA010）、套管换热器实验时（VA004、VA006）]；关闭其他换热器热流体进出阀门（VA009、VA010、VA004、VA006）。

（4）开启热流体流量风机：在仪表操作台上打开"综合换热热流体风机电源"开

关，启动综合换热热流体风机。

（5）启动加热管电源：在仪表操作台上按下"综合换热加热管电源"启动按钮，启动综合换热加热管，开始加热。

（6）综合换热加热管温度控制：在仪表操作台上"综合换热热流体温度手自动控制仪"上设定热流体温度为70℃，控制仪就自动对热流体温度进行控制。

（7）当加热管温度稳定在70℃左右时，让系统稳定15min，记录板式换热器的冷、热流体流量，冷流体进、出口温度，热流体进、出口温度。

（8）改变冷流体流量值为25m³/h，稳定15min，记录板式换热器的冷、热流体流量，冷流体进、出口温度，热流体进、出口温度；同样改变冷流体流量值，稳定15min后记录相应的实验值。

（9）综合换热冷流体并逆流切换：①逆流，打开阀门VA016、VA018，关闭VA015、VA017；②并流，打开阀门VA015、VA017，关闭VA016、VA018。

学生练习

根据操作规程进行传热综合操作实训。

 思考题

1. 什么叫并流？什么叫逆流？

2. 传热的三种基本公式是什么？

3. 换热器有哪几种类型？

4. 管壳式换热器中的折流板的作用是什么？

5. 管壳式换热器中管程与壳程中流体的速度有什么差异？

6. 板式换热器有什么优点？

7. 为强化一台冷油器的传热，有人用提高冷却水流速的办法，但发现效果并不显著，试分析原因。

8. 对管壳式换热器来说，哪种流体走管内、哪种流体走管外，如何选择？

9. 室内暖气片为什么只把外表面制成翅片状？

10. 举例说明如何强化换热器的换热效率。

模块三　精馏单元

一、精馏实训装置介绍

长×宽×高4800mm×2500mm×3800mm，整机整体采用高温烤漆钢制框架结构，带两层操作平台，一层平面方便操作、检修、巡查，二层有安全斜梯通上并有护栏、防滑板，配套现场控制台（含工业真彩液晶可编程多回路控制器、嵌入式微机位、报警器及开关位、二次仪表及显示位）并内含DCS接入口。

工艺设备系统				
项目	名　称	规格型号	数量	备注
工艺设备系统	塔底产品槽	304镜面不锈钢，150L	1	
	塔顶产品槽	304镜面不锈钢，75L	1	
	原料槽1	304镜面不锈钢，250L	1	
	塔顶冷凝器	304镜面不锈钢，1.5m²	1	
	再沸器	304镜面不锈钢，100L	1	
	塔底换热器	304镜面不锈钢，1.0m²	1	
	塔顶产品冷却器	304镜面不锈钢，0.7m²	1	
	精馏塔	主体不锈钢DN200，共14块筛板塔板	1	
	回流液泵A	齿轮泵	1	
	回流液泵B	齿轮泵	1	
	原料液泵	离心泵	1	
	真空泵	不锈钢，旋片机械泵	1	

续表

仪表控制检测系统					
	变量	检测机构	显示控制仪表及型号	检测机构数量	执行机构
仪表控制检测系统	温度	铂电阻精度：B级	工业可编程多回路控制器精度：0.5%FS	7	变频器
	双金属温度计	铂电阻，精度：B级	中控C3000过程控制器，精度：0.5%FS	2	调压模块
	换热器温度	铂电阻，精度：B级	中控C3000过程控制器，精度：0.5%FS	8	
	压力	扩散硅压力变送器	可编程多回路控制器精度：0.5%FS	5	调压模块×2
	流量	玻璃转子流量计	精度：2.5%FS就地	6	
	液位	远传报警液位计，精度：0.5%FS	工业可编程多回路控制器，精度：0.5%FS	2	

通信监控系统
通信监控系统
MCGS工业组态软件一套（附64点软件狗及说明书），在线监控软件一套
DCS转接卡、I/O卡件、Advantrol组态软件

智能仪表系统
智能仪表系统
标准电器控制柜：长×宽×深1600mm×600mm×1400mm，内安装漏电保护空气开关、电流型漏电保护器充分考虑人身安全保护；同时每一组强电输出都有旋钮开关控制，保证设备安全，操作控制便捷；装有分相指示灯、开关电源等

二、工艺流程

原料贮槽内的水-乙醇混合液体经原料泵输送至原料预热器，经预热后，由精馏塔中部进入精馏塔，进行分离，气相由塔顶馏出，经冷凝器完全冷凝后，进入塔顶冷凝液槽，浓度合格的冷凝液部分经产品泵输送到塔顶产品罐，部分冷凝液经回流泵，部分回流至精馏塔顶，釜底溶液和列管式再沸器形成循环流动。分析冷凝液槽内混合溶液乙醇含量，合格后控制一定回流比，分别从塔顶、塔底采出产品。

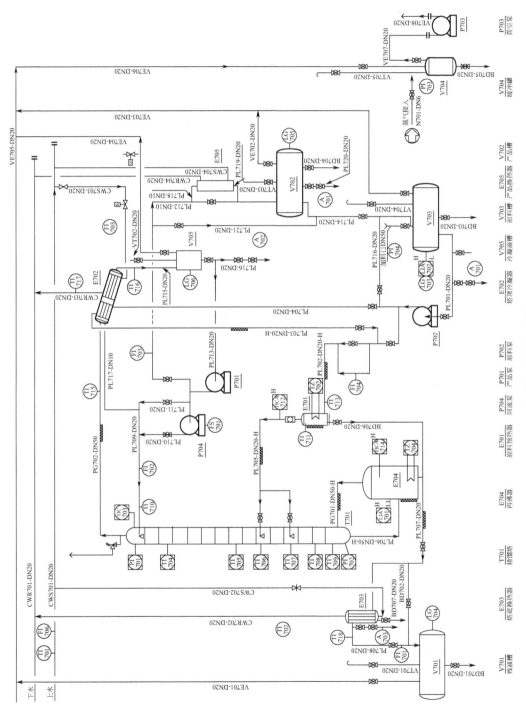

精馏单元工艺流程

项目十五　精馏单元设备及流程认识

日期＿＿＿＿＿年＿＿＿＿＿月＿＿＿＿＿日
星期＿＿＿＿＿节次＿＿＿＿＿

一、实训目的

1. 熟悉精馏单元的各种设备及用途；
2. 掌握精馏单元的工艺流程图。

二、实训设备

精馏单元综合实训设备。

任务一

认识精馏单元设备

写一写

精馏塔有很多类型，除了实训装置所用的筛板塔，你还知道的精馏塔类型有哪些？＿＿＿＿＿＿＿＿＿＿＿＿＿＿＿＿＿＿＿＿＿＿＿＿＿＿＿＿＿＿＿＿＿＿＿＿＿

筛板塔的特点是：＿＿＿＿＿＿＿＿＿＿＿＿＿＿＿＿＿＿＿＿＿＿＿＿＿＿＿＿＿＿。

任务二

精馏工艺流程的介绍

全回流流程：原料贮槽内的水-乙醇混合液体通过原料液泵加到再沸器的合适液位，液体在再沸器中通过加热产生上升的气相，气相在塔顶通过冷凝器完全冷凝后进入冷凝液罐，冷凝液罐的液体通过回流泵回到塔顶逐级向下流动，与上升的气体进行物质和能量的交换。最终塔顶得到含轻组分高的气体，塔底得到含重组分高的液体。

部分回流流程：原料贮槽内的水-乙醇混合液体经原料液泵输送至原料液加热器，经预热后，由精馏塔中部进入精馏塔，进行分离，气相由塔顶馏出，经冷凝器完全冷凝后，进入塔顶冷凝液槽，冷凝液部分通过产品泵并经产品冷却器冷却后输送到塔顶产品罐，部分冷凝液经回流泵回流至精馏塔顶。

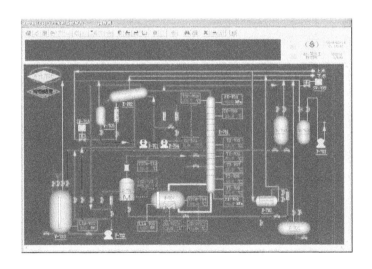

学生练习

1.熟悉本工艺流程，画出本实训工艺流程图；

2.了解本工艺中各设备的种类及用途。

项目十六　精馏单元进料操作

日期_____年_____月_____日

星期_____节次_____

一、实训目的

1.了解精馏塔进料系统的工艺流程；

2.通过实训，掌握精馏塔进料的操作方法。

二、实训设备

1.精馏塔综合实训平台；

2.事先准备好的原料。

任务

精馏塔的进料操作

三、实训内容

1.学会配料及读酒精密度计；

2.将原料从原料槽进料至预定液位到再沸器。

四、实训原理

精馏塔进料通过离心泵来完成液体输送。操作过程中注意泵及进料管线上阀门的开启顺序，以及再沸器液位的控制。

五、实训步骤

1.配制一定浓度的乙醇与水的混合溶液，加入原料槽。

2.开启控制台、仪表盘电源。

3.开启原料泵进口阀门、精馏塔原料液进口阀。

4.开启塔顶冷凝液槽放空阀。

5.关闭预热器和再沸器排污阀、再沸器至塔底冷却器连接阀门、塔顶冷凝液槽出口阀。

6.启动原料泵，开启原料泵出口阀门和旁路阀快速进料，当原料预热器充满原料液后，同时继续往精馏塔塔釜内加入原料液，当接近预设再沸器液位时，减小原料泵出口阀门开度至再沸器预设液位，关闭出口阀，停原料泵。

注意事项

进料过程前一定要注意进料管线上各个阀门的开闭状态，当加料时再沸器出现液位后要注意控制阀门开度及观察塔压，防止加料超出合适的液位或低于液位警戒线。

学生练习

1.按照要求进行原料的配制并将原料运送到原料槽；

2.通过操作系统对再沸器进行加料到预设定的液位；

3.绘制精馏塔进料系统工艺流程图。

项目十七　精馏全回流操作

日期_____年_____月_____日

星期_____节次_____

一、实训目的

1.了解精馏全回流的工艺流程；

2.掌握精馏全回流操作的方法；

3.学会通过回流量来控制塔顶温度及系统稳定性。

二、实训设备

精馏塔综合实训平台。

三、实训内容

1. 精馏塔全回流操作；
2. 控制回流量调节塔顶温度。

任务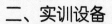

精馏塔全回流操作

四、操作原理

塔釜加热，液体沸腾，在塔内产生上升蒸气，上升蒸气与沸腾液体有着不同的组成，这种不同组成来自轻重组分间有不同的挥发度，由此塔顶冷凝，回流液与上升的蒸气进行物质的交换即可达到塔顶轻组分增浓和塔底重组分提浓的目的。

五、操作步骤

1. 启动精馏塔再沸器加热系统，系统缓慢升温，当再沸器温度接近泡点时适当减小加热量，当精馏塔灵敏板温度快速上升时，开启精馏塔塔顶冷凝器冷却水进、出水阀，调节好冷却水流量，关闭冷凝液槽放空阀。

2.当冷凝液槽有液位时，开回流泵A进出口阀门，启动回流泵A，系统进行全回流操作，控制冷凝液槽液位稳定，控制系统压力、温度稳定。当系统压力偏高时可通过冷凝液槽放空阀适当排放不凝性气体或微开。

3.适当降低再沸器加热量，注意调整冷却水用量，当塔顶温度在2min内保持不变，表示全回流平衡系统建立。

注意事项

进行回流操作时注意保持冷凝液槽的回流液位，控制回流的流量来调节塔顶温度，使塔尽快达到稳定。在此过程中还需注意塔顶和塔底的压力，防止超压。

学生练习

1.画出精馏塔全回流工艺流程图；
2.对精馏塔进行全回流操作调节回流量控制塔体的稳定。

项目十八　精馏部分回流操作

日期_____年_____月_____日

星期_____节次_____

一、实训目的

1.了解精馏部分回流工艺流程；
2.掌握精馏部分回流操作及调节方法。

二、实训设备

精馏塔综合实训平台，酒精密度计，台秤。

三、实训内容

精馏塔部分回流操作。

四、实训原理

在精馏段中上升蒸气与回流液之间进行物质传递，使上升蒸气中轻组分不断增浓，至塔顶达到要求浓度。在提馏段中，下降液流与上升蒸气间的物质传递使下降液流中的轻组分转入气相，重组分则转入液相，下降液流中重组分浓度不断增浓，至塔底达到要求浓度。

五、实训步骤

1. 当系统全回流稳定后，开塔底换热器冷却水进、出口阀，开再沸器至塔底换热器阀门，调节合适流量将塔底液体采出到塔底产品罐。

2. 开塔顶产品槽的进口阀，手动或自动（开启回流泵B）调节回流量，控制塔顶温度，当产品符合要求时，可转入连续精馏操作，通过调节产品流量控制塔顶冷凝液槽液位。

3. 当再沸器液位开始下降时，可启动原料泵，将原料打入原料预热器预热，调节加热功率，原料达到要求温度后，送入精馏塔，或开原料至塔顶换热器的阀门，让原料与塔顶产品换热回收热量后进入原料预热器预热，再送入精馏塔。

4. 调整精馏系统各工艺参数稳定，建立塔内平衡体系。

5. 按时做好操作记录。

六、常压精馏停车

1. 系统停止加料，停止原料预热器加热，关闭原料液泵出口阀，停原料泵。

2. 将再沸器的加热电压调为零，关闭再沸器加热开关。

3. 当塔顶温度下降，无冷凝液馏出后，关闭塔顶冷凝器冷却水进水阀，停冷却水，停回流泵A和回流泵B，关泵进、出口阀。收集产品并回收。

4.当再沸器和预热器物料冷却后，开再沸器和预热器排污阀，放出预热器及再沸器内物料，开塔底冷凝器排污阀、塔底产品槽排污阀，放出塔底冷凝器内物料、塔底产品槽内物料。

5.停控制台、仪表盘电源。将所有阀门恢复到初始状态。

6.做好设备及现场的整理工作。

学生练习

1.进行精馏部分回流操作，学会数据记录；

2.学会调节产出和回流的量来控制回流比，调节系统稳定性。

项目十九 精馏塔综合操作

日期_____年_____月_____日

星期_____节次_____

一、实训目的

1.熟悉筛板塔的结构及精馏流程；

2.掌握精馏塔的综合操作及调节。

二、实训设备

精馏塔综合实训平台，酒精密度计，台秤，一定比例原料，记录单。

三、实训内容

1.精馏综合实训操作；

2.完成一定质和量的产品。

四、工作原理

蒸气由塔底进入，与下降液进行逆流接触，两相接触中，下降液中的易挥发（低沸点）组分不断地向蒸气中转移，蒸气中的难挥发（高沸点）组分不断地向下降液中转移，蒸气愈接近塔顶，其易挥发组分浓度愈高，而下降液愈接近塔底，其难挥发组分则愈富集，达到组分分离的目的。由塔顶上升的蒸气进入冷凝器，冷凝的液体的一部分作为回流液返回塔顶进入精馏塔中，其余的部分则作为馏出液取出。塔底流出的液体，其中的一部分送入再沸器，热蒸发后，蒸气返回塔中，另一部分液体作为釜残液取出。

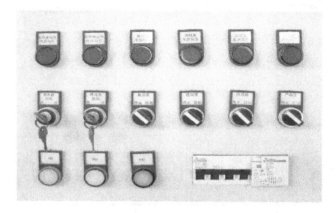

精馏控制台仪面板图

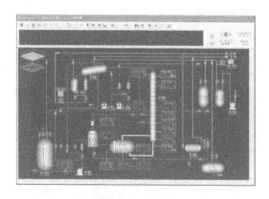

精馏操作面DCS板图

精馏操作综合实训平台

五、操作步骤

1. 配制一定浓度的乙醇与水的混合溶液，加入原料槽。

2. 开启控制台、仪表盘电源。

3. 开启原料泵进口阀门、精馏塔原料液进口阀。

4. 开启塔顶冷凝液槽放空阀。

5.关闭预热器和再沸器排污阀、再沸器至塔底冷却器连接阀门、塔顶冷凝液槽出口阀。

6.启动原料泵,开启原料泵出口阀门快速进料,再沸器到达合适液位后,停原料泵。

7.同时启动原料预热器和精馏塔再沸器加热系统,系统缓慢升温,当精馏塔灵敏板温度快速上升时,开启精馏塔塔顶冷凝器冷却水进、出水阀,调节好冷却水流量,关闭冷凝液槽放空阀。

8.当冷凝液槽有液位时,开回流泵A进出口阀门,启动回流泵A,系统进行全回流操作,控制冷凝液槽液位稳定,控制系统压力、温度稳定。当系统压力偏高时,可通过冷凝液槽放空阀适当排放不凝性气体或微开。

9.当系统稳定后,开塔底换热器冷却水进、出口阀,开再沸器至塔底换热器阀门,调节合适流量将塔底液体采出到塔底产品罐。

10.开塔顶产品槽的进口阀,手动或自动(开启回流泵B)调节回流量,控制塔顶温度,当产品符合要求时,可转入连续精馏操作,通过调节产品流量控制塔顶冷凝液槽液位。

11.当再沸器液位开始下降时,可启动原料泵,将原料打入原料预热器预热,调节加热功率,原料达到要求温度后,送入精馏塔(或开原料至塔顶换热器的阀门,让原料与塔顶产品换热回收热量后进入原料预热器预热,再送入精馏塔)。

12.调整精馏系统各工艺参数稳定,建立塔内平衡体系。

13.按时做好操作记录。

六、常压精馏停车

1.系统停止加料,停止原料预热器加热,关闭原料液泵出口阀,停原料泵。

2.将再沸器的加热电压调为零,关闭再沸器加热开关。

3.当塔顶温度下降,无冷凝液馏出后,关闭塔顶冷凝器冷却水进水阀,停冷却水,停回流泵A和回流泵B,关泵进、出口阀。收集产品并回收。

4.当再沸器和预热器物料冷却后,开再沸器和预热器排污阀,放出预热器及再沸器内物料,开塔底冷凝器排污阀,塔底产品槽排污阀,放出塔底冷凝器内物料、塔底产品槽内物料。

5.停控制台、仪表盘电源。将所有阀门恢复到初始状态。

6.做好设备及现场的整理工作。

学生练习

1.进行精馏综合实训操作,学会各项参数调节;

2.对一定配比的原料进行提纯达到一定要求的质量和产量。

操作结果记录表

操作过程仪表读数记录

时间	电压/V	电流/A	塔顶温度/℃	灵敏板温度/℃	塔釜温度/℃	塔釜压力/kPa	原料进料流量/(L/h)	回流液流量/(L/h)	塔顶馏出液流量/(L/h)	回流比 R

产品分析记录表

项目	塔顶浓度 x_D	塔底浓度 x_W	稳定时间/min	塔顶馏出液量 D/mL
全回流				
部分回流				

附：精馏单元操作考核评分项目及评分细则表

考核项目	评分项		评分规则	分值/分
技术指标	工艺指标合理性（单点式记分）	进料温度	进料温度与进料板温度差不超过指定范围，超出范围持续一定时间系统将自动扣分	10
		再沸器液位	再沸器液位需要维持稳定在指定范围，超出范围持续一定时间系统将自动扣分	
		塔顶压力	塔顶压力需控制在指定范围，超出范围持续一定时间系统将自动扣分	
		塔压差	塔压差需控制在指定范围，超出范围持续一定时间系统将自动扣分	
	调节系统稳定的时间（非线性记分）		以选手按下"考核开始"键作为起始信号，终止信号由电脑根据操作者的实际塔顶温度经自动判断。然后由系统设定的扣分标准进行自动记分	5

续表

考核项目	评分项	评分规则	分值/分
技术指标	产品浓度评分（非线性记分）	GC测定产品罐中最终产品浓度，按系统设定的扣分标准进行自动记分	20
	产量评分（线性记分）	电子秤称量产品产量，按系统设定的扣分标准进行自动记分	15
	原料损耗量（非线性记分）	读取原料贮槽液位，计算原料消耗量，并输入到计算机中，按系统设定的扣分标准进行自动记分	10
	电耗评分（主要考核单位产品的电耗量）（非线性记分）	读取装置用电总量，并输入到计算机中，按系统设定的扣分标准进行自动记分	5
	水耗评分（主要考核单位产品的水耗量）（非线性记分）	读取装置用水总量，并输入到计算机中，按系统设定的扣分标准进行自动记分	5
规范操作	开车准备（5分）	① 裁判长宣布考核开始。检查总电源、仪表盘电源，查看电压表、温度显示、实时监控仪（0.5分）	20
		② 检查并确定工艺流程中各阀门状态（见阀门状态表），调整至准备开车状态并挂牌标识（每错一个阀门扣0.5分，共1分，扣完为止）	
		③ 记录电表初始度数（0.5分），记录DCS操作界面原料罐液位（0.5分），填入工艺记录卡	
		④ 检查并清空回流罐、产品罐中积液（0.5分）	
		⑤ 查有无供水（0.5分），并记录水表初始值（0.5分），填入工艺记录卡	
		⑥ 规范操作进料泵（离心泵）（0.5分）；将原料加入再沸器至合适液位（0.5分），点击评分表中的"确认"、"清零"、"复位"键并至"复位"键变成绿色后，切换至DCS控制界面并点击"考核开始"	
	开车操作（6分）	① 启动精馏塔再沸器加热系统，升温（1分）	
		② 开启冷却水上水总阀（0.5分）及精馏塔顶冷凝器冷却水进口阀（0.5分），调节冷却水流量（0.5分）	
		③ 规范操作采出泵（齿轮泵）（0.5分），并通过回流转子流量计进行全回流操作（0.5分）	
		④ 控制回流罐液位及回流量，控制系统稳定性（评分系统自动扣分），必要时可取样分析，但操作过程中气相色谱测试累计不得超过3次	
		⑤ 适时打开系统放空，排放不凝性气体，并维持塔顶压力稳定（0.5分）	
		⑥ 选择合适的进料位置（在DCS操作面板上选择后，开启相应的进料阀门，过程中不得更改进料位置）（1分），进料流量≤100L/h。开启进料后5min内TICA712（预热器出口温度）必须超过75℃，同时须防止预热器过压操作（1分）	
	正常运行（2分）	① 规范操作回流泵（齿轮泵）（0.5分），经塔顶产品罐冷却器，将塔顶馏出液冷却至50℃以下后收集塔顶产品（0.5分）	
		② 启动塔釜残液冷却器（0.5分），将塔釜残液冷却至60℃以下后，收集塔釜残液（0.5分）	

续表

考核项目	评分项	评分规则	分值/分
规范操作	正常停车（10min内完成，未完成步骤扣除相应分数）（7分）	① 精馏操作考核90min完毕，停进料泵（离心泵）（0.5分），关闭相应管线上阀门（0.5分）	
		② 规范停止预热器加热及再沸器电加热（0.5分）	
		③ 及时点击DCS操作界面的"考核结束"，停回流泵（齿轮泵）（0.5分）	
		④ 将塔顶馏出液送入产品槽（0.5分），停馏出液冷凝水，停采出泵（齿轮泵）（0.5分）	
		⑤ 停止塔釜残液采出（0.5分），塔釜冷凝水（0.5分），关闭上水阀、回水阀，并正确记录水表读数（0.5分）、电表读数（0.5分）	
		⑥ 各阀门恢复初始开车前的状态（错一处扣0.5分，共1分，扣完为止）	
		⑦ 记录DCS操作面板原料贮罐液位（0.5分），收集并称量产品罐中馏出液（0.5分），取样交裁判计时结束。气相色谱分析最终产品含量，本次分析不计入过程分析次数	
文明操作	文明操作，礼貌待人	① 穿戴符合安全生产（0.5分）与文明操作要求（0.5分）	10
		② 保持现场环境整齐、清洁、有序（1分）	
		③ 正确操作设备、使用工具（1分）	
		④ 文明礼貌，服从裁判，尊重工作人员（1分）	
		⑤ 记录及时（每10min记录一次）、完整、规范、真实、准确，否则发现一次扣1分，共6分，扣完为止	
		⑥ 记录结果弄虚作假扣全部文明操作分10分	
安全操作	安全生产	如发生人为的操作安全事故（如再沸器现场液位低于5cm）/预热器干烧（预热器上方视镜无液体+现场温度计超过80℃+预热器正在加热+无进料）、设备人为损坏、操作不当导致的严重泄漏，伤人等情况，作弊以获得高产量，扣除全部操作分30分	

思考题

1. 精馏过程中回流比对塔顶产品浓度的影响如何？
2. 当精馏中塔内温度过高时应采取什么措施？
3. 精馏操作中进料板位置不同对塔顶产品浓度有什么影响？
4. 对沸点较高的液体混合物采用什么精馏？
5. 当精馏中塔压过高时应采取什么措施？
6. 精馏操作如何停车？

7. 当精馏过程中预热器沸腾出现干烧时应采取什么措施？

8. 如果操作过程中，进料浓度减小，其他操作条件不变，塔顶、塔底产品的浓度如何改变？

9. 当发现塔顶冷凝器没有冷却水上送时，如何解决？

10. 齿轮泵和离心泵的停车操作顺序是一样的吗？

模块四 吸收单元

一、吸收实训装置

（一）装置功能

1. 测定填料塔吸收传质系数；

2. 测定填料塔压降；

3. 考察气体空塔速度和液体喷淋密度对总体积传质系数的影响；

4. 测定填料塔的流体力学性能。

（二）装置结构特点

1. 多功能：可进行吸收操作，测定传质系数和气相压降与气体流量、液体喷淋密度的关系等填料塔流体力学性能。

2. 小型化：装置在充分考虑了工程概念的条件下，紧凑并便于移动和组合。

3. 环保化：本实验装置采用二氧化碳-水体系。

4. 精致结构：所有不锈钢设备均进行不锈钢精细抛光处理，体现整个装置的工艺完美性。

5. 系统检测控制仪表带RS-485通信接口，系统既可工作在仪表手动模式下，也可工作在在线自动控制模式下。自动控制模式下的工作界面建立在工控组态软件平台上，界面友好、丰富。

6. 配套实验仿真软件及数据处理软件，仿真平台操作与实物操作高度一致，能够使学生提前熟悉实验设备，提高动手能力。

二、工艺流程

水箱中的自来水经水泵加压送入填料塔塔顶经喷头喷淋在填料顶层。由风机送来的空气和由二氧化碳钢瓶来的二氧化碳混合后，一起进入气体混合罐，然后再进入塔底，与水在塔内进行逆流接触，进行质量和热量的交换，由塔顶出来的尾气放空，由于本实验为低浓度气体的吸收，所以热量交换可忽略，整个实验过程看成是等温操作。

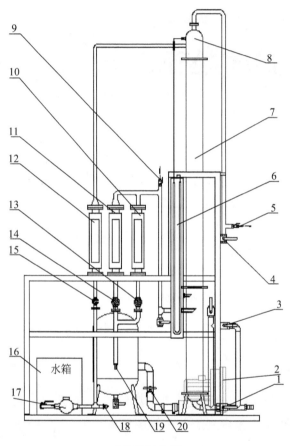

吸收装置流程

1—液体出口阀1；2—风机；3—液体出口阀2；4—气体出口阀；

5—出塔气体取样口；6—U形压差计；7—填料层；8—塔顶预分离器；

9—进塔气体取样口；10—气体小流量玻璃转子流量计（0.4～4m³/h）；

11—气体大流量玻璃转子流量计（2.5～25m³/h）；

12—液体玻璃转子流量计（100～1000L/h）；13—气体进口闸阀V1；

14—气体进口闸阀V2；15—液体进口闸阀V3；16—水箱；

17—水泵；18—液体进口温度检测点；

19—混合气体温度检测点；20—风机旁路阀

项目二十　吸收单元设备及流程认识

日期_____年_____月_____日
星期_____节次_____

一、实训目的

1.了解吸收单元设备的种类和用途及工作原理；
2.掌握吸收单元工艺流程。

二、实训设备

吸收单元综合实训操作平台，气相色谱仪。

三、实训内容

吸收单元设备及流程认识。

设备简介：填料塔，鼓风机，水箱，压差计，钢瓶。

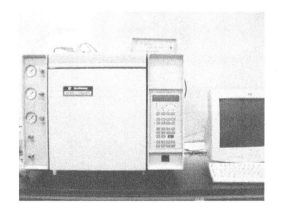

四、工作原理

本装置是在填料塔内用水吸收二氧化碳。实验需测定二氧化碳的进口浓度以及吸收后的出口浓度。并且通过控制水的量来及时作出调整，确定相应的吸收系数。本操作引入了计算机在线数据采集技术，和在线气相色谱测定，加快了数据记录与处理的速度。

五、熟悉工艺流程

由水槽来的水经离心泵加压后送入填料塔塔顶经喷淋头喷淋在填料顶层。由压缩机送来的空气和由二氧化碳钢瓶来的二氧化碳经缓冲罐混合后，一起进入气体中间贮罐，然后再直接进入塔底，与水在塔内进行逆流接触，进行物质的交换，由塔顶出来的尾气经转子流量计后放空，吸收液经浓度检测后排入下水道。

写一写

填料塔里装的填料称：_____，它是用_____材料做的。

你还知道的填料种类有哪些？_____

_____

学生练习

1. 熟悉此工艺流程，并且绘制工艺流程图；
2. 对吸收单元的设备进行认识和熟悉。

项目二十一　吸收综合操作

日期_____年_____月_____日

星期_____节次_____

一、实训目的

1.熟悉填料塔的构造,掌握吸收操作;

2.通过实训能进行生产操作,并达到规定的工艺要求和质量指标;

3.掌握气相色谱仪的操作方法。

二、实训设备

吸收单元综合实训操作平台,气相色谱仪。

三、实训内容

1.吸收的开车及停车操作;

2.吸收正常操作的参数调节;

3.学会测定气体的进出口浓度。

四、操作步骤

1.熟悉实验流程及弄清气相色谱仪及其配套仪器结构、原理、使用方法及其注意事项。

2.打开排水阀,排放掉中间气体贮罐中的冷凝水,然后再关闭排水阀、放空阀及取样阀。

3.打开仪表电源开关及空气压缩机电源开关。

4.开启水泵进水阀门,开启水泵电源开关启动离心泵,让水进入填料塔润湿填料,仔细调节转子流量计,使其流量稳定在某一实验值。(塔底液封控制:仔细调节塔底阀门的开度,使塔底液位缓慢地在一段区间内变化,以免塔底液封过高溢满或过低而泄气。)

5.启动空气压缩机,打开CO_2钢瓶总阀,并缓慢调节钢瓶的减压阀(注意减压阀的开关方向与普通阀门的开关方向相反，顺时针为开，逆时针为关），使其压力稳定在 0.8MPa 左右。

6.仔细调节空气压缩机出口阀门的开度（开启度不要太大，以免超过压缩机的额定流量而不能正常工作），并调节 CO_2 调节转子流量计的流量，使其稳定在某一值。

7.待塔中的压力差靠近某一实验值（在 0.01 ～ 0.6MPa 范围内确定 3 ～ 4 个压力值点）时，仔细调节尾气放空阀的开度，直至塔中压力稳定在实验值。

8.待塔操作稳定后，读取各流量计的读数及通过温度、压力巡检仪上读取各温度、压力、塔顶塔底压差读数，通过六通阀在线进样，利用气相色谱仪分析出塔顶、塔底气相组成。

9.实验完毕，关闭 CO_2 转子流量计、空气压缩机出口阀门、水转子流量计，再关闭空气压缩机电源开关、水泵电源开关及进水阀门，然后缓慢开大空气转子流量计的流量及空气压缩机的排水阀，进行卸压，待其中的压力都降到接近常压时关闭仪表电源开关，清理实验仪器和实验场地。

学生练习

1.每位学生进行吸收开停车综合操作及流量调节；
2.对吸收中气体的进出口浓度进行测定计算吸收率。

五、数据记录及数据处理

实验装置：　　　　#；操作压力：kPa

气量 V_1/（m³/h）	水量 V_2/（L/h）	塔底 w_1/%	塔顶 w_2/%	气温 T_1/℃	液温 T_2/℃

计算结果：

塔底液相组成（摩尔分数）：＿＿＿＿＿%；塔顶液相组成（摩尔分数）：＿＿＿＿＿＿%；吸收率：＿＿＿＿＿%

气相色谱仪操作规程

1.打开氢气钢瓶总阀，调整输出压力稳定在0.2MPa左右。

2.打开色谱仪的电源开关，初始压力为0.18MPa、柱前压力为0.1MPa。

3.设置各工作部温度。CO_2分析的条件设置：按设定键盘，OV（柱室温度）设为80℃，DT（检测温度）设为100℃，IT（汽化温度）设为100℃，设好后按加热按键加热。

4.等恒温灯亮后，先按衰减按钮，再按桥流按钮设为120，设定后再按桥流按钮。

5.启动电脑打开在线工作站，打开通道1，进入数据采集、查看基线、进行零点校正，六通阀进样、选择进样，等曲线完整、点击预览查看含量。

6.关机程序：点击停止采样、关电脑、气相色谱仪上按停止按钮，等30min后关气相色谱仪电源开关，关氢气钢瓶总阀。

思考题

1.当吸收过程塔顶出口气体浓度偏高，此时应采取什么措施？

2.精馏和吸收都是用来分离混合物的，请问其操作原理和适用场合有什么不同？

3.若操作过程中，二氧化碳的进口浓度增大，而流量不变，尾气含量和吸收液浓度如何改变？

4.什么是液泛现象？液泛现象发生后有什么特点？当发生液泛时如何操作？

5.填料的作用是什么？有哪几种类型？各有什么特点？

6.吸收操作中温度的变化对吸收率有什么影响？

7.吸收过程中塔压差与气体流量有什么关系？

第三部分

化工单元仿真操作

模块五　离心泵单元

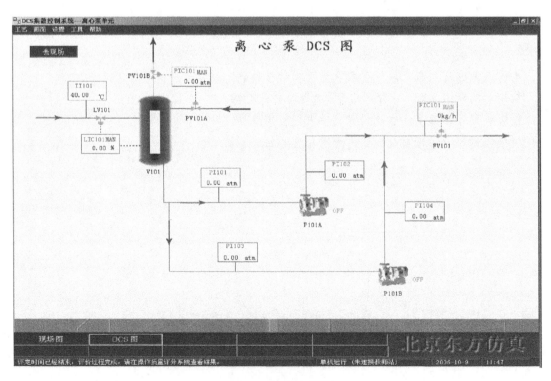

1atm=101325Pa，下同

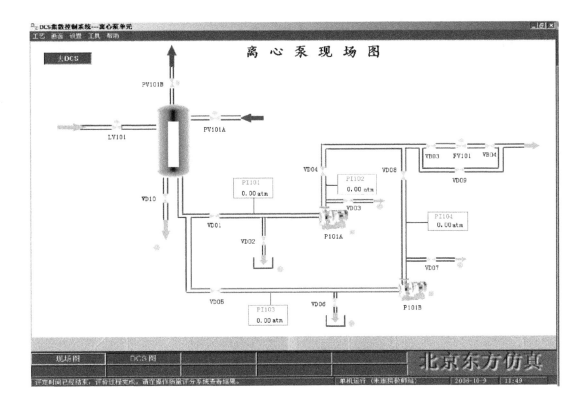

 项目二十二　离心泵单元概述

日期_____年_____月_____日

星期_____节次_____

一、实训目的

1. 掌握离心泵单元仿真的基本原理及流程；
2. 了解整个工艺中的设备及用途。

二、实训内容

离心泵单元流程。

三、离心泵工艺

1.离心泵工作原理基础

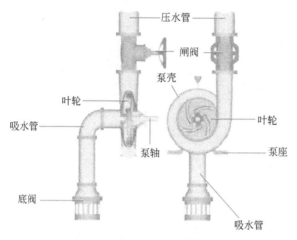

压水管

闸阀

泵壳

叶轮

叶轮

吸水管

泵座

泵轴

底阀

吸水管

单级单吸式离心泵的结构

在工业生产和国民经济的许多领域，常需对液体进行输送或加压，能完成此类任务的机械称为泵。如果把管路比作人体的血管，那么泵就好比是人的心脏，可见，泵在化工生产过程中占有极为重要的地位，是保证化工连续、安全生产的重要机器之一。

靠离心作用的泵叫离心泵。由于离心泵具有结构简单、性能稳定、检修方便、操作容易和适应性强等特点，在化工生产中应用十分广泛，据统计超过液体输送设备的80%。所以，离心泵的操作是化工生产中的最基本的操作。

离心泵由吸入管、排出管和离心泵主体组成。离心泵主体分为转动部分和固定部分。转动部分由电机带动旋转，将能量传递给被输送的部分，主要包括叶轮和泵轴。固定部分包括泵壳、导轮、密封装置等。叶轮是离心泵中使液体接受外加能量的部件。泵轴的作用是把电动机的能量传递给叶轮。泵壳是通道截面积逐渐扩大的蜗形壳体，它将液体限定在一定的空间里，并将液体大部分动能转化为静压能。导轮是一组与叶轮旋转方向相适应，且固定于泵壳上的叶片。密封装置的作用是防止液体的泄漏或空气倒吸入泵内。

启动灌满了被输送液体的离心泵后，在电机的作用下，泵轴带动叶轮一起旋转，叶轮的叶片推动其间的液体转动，在离心力的作用下，液体被甩向叶轮边缘并获得动能；在导轮的引领下沿流通截面积逐渐扩大的泵壳流向排出管，液体流速逐渐降低，而静压能增大。排出管的增压液体经管路即可送往目的地。与此同时，叶轮中心因为液体被甩出而形成一定的真空，因贮槽液面上方压力大于叶轮中心处，在压力差的作用下，液体不断从吸入管进入泵内，以填补被排出的液体位置。因此，只要叶轮不断旋转，液体便不断地被吸入和排出。由此，离心泵之所以能输送液体，主要是依靠高速旋转的叶轮。

2.工艺流程简介

离心泵是化工生产过程中输送液体的常用设备之一，其工作原理是靠离心泵内外压差不断地吸入液体，靠叶轮的高速旋转使液体获得动能，靠扩压管或导叶将动能转化为压力，从而达到输送液体的目的。

本工艺为单独培训离心泵而设计，其工艺流程（参考流程仿真界面）如下。

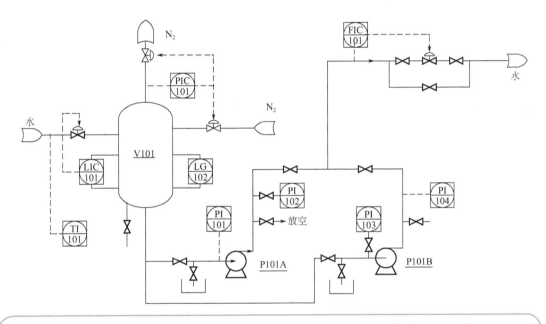

来自某一设备约40℃的带压液体经调节阀LV101进入带压罐V101，罐液位由液位控制器LIC101通过调节V101的进料量来控制；罐内压力由PIC101分程控制，PV101A、PV101B分别调节进入V101和出V101的氮气量，从而保持罐压恒定在5.0atm（表压）。罐内液体由泵P101A/B抽出，泵出口流量在流量调节器FIC101的控制下输送到其他设备。

3.设备一览

设备代号	设备名称
V101	离心泵前罐
P101A	离心泵A
P101B	离心泵B（备用泵）

学生练习

完成离心泵操作工艺流程图绘制。

项目二十三　离心泵开车基本操作

一、实训目的

1. 掌握离心泵开车的操作规程；
2. 能根据操作规程熟练进行开车和正常运行仿真训练。

二、实训内容

1. 离心泵的开车；
2. 离心泵的正常运行。

三、操作步骤

（一）开车操作规程

1. 准备工作

（1）盘车。

（2）核对吸入条件。

（3）调整填料或机械密封装置。

2. 罐V101充液、充压

（1）向罐V101充液

① 打开LIC101调节阀，开度约为30%，向V101罐充液。

② 当LIC101达到50%时，LIC101设定50%，投自动。

（2）罐V101充压

① 待V101罐液位>5%后，缓慢打开分程压力调节阀PV101A向V101罐充压。

② 当压力升高到5.0atm时，PIC101设定5.0atm，投自动。

3. 启动泵前准备工作

（1）灌泵

待V101罐充压充到正常值5.0atm后，打开P101A泵入口阀VD01，向离心泵充液。观察VD01出口标志变为绿色后，说明灌泵完毕。

（2）排气

① 打开P101A泵后排气阀VD03排放泵内不凝性气体。

② 观察P101A泵后排空阀VD03的出口，当有液体溢出时，显示标志变为绿色，标志着P101A泵已无不凝气体，关闭P101A泵后排空阀VD03，启动离心泵的准备工作已就绪。

4.启动离心泵

（1）启动离心泵。启动P101A（或B）泵。

（2）流体输送

① 待PI102指示比入口压力大1.5～2.0倍后，打开P101A泵出口阀（VD04）。

② 将FIC101调节阀的前阀、后阀打开。

③ 逐渐开大调节阀FIC101的开度，使PI101、PI102趋于正常值。

（3）调整操作参数。微调FV101调节阀，在测量值与给定值相对误差5%范围内且较稳定时，FIC101设定到正常值，投自动。

（二）正常操作规程

1.正常工况操作参数

（1）P101A泵出口压力PI102：12.0atm。

（2）V101罐液位LIC101：50.0%。

（3）V101罐内压力PIC101：5.0atm。

（4）泵出口流量FIC101：20000kg/h。

2.负荷调整

可任意改变泵、按键的开关状态，手操阀的开度及液位调节阀、流量调节阀、分程压力调节阀的开度，观察其现象。

P101A泵功率正常值：15kW。

FIC101量程正常值：20t/h。

学生练习

完成离心泵开车操作。

项目二十四　离心泵停车操作

日期_____年_____月_____日

星期_____节次_____

一、实训目的

1.掌握离心泵停车的操作规程；

2.能根据操作规程熟练进行停车仿真训练。

二、实训内容

离心泵的停车。

三、离心泵的停车步骤

1.V101罐停进料

LIC101置手动，并手动关闭调节阀LV101，停V101罐进料。

2.停泵

（1）待罐V101液位小于10%时，关闭P101A（或B）泵的出口阀（VD04）。

（2）停P101A泵。

（3）关闭P101A泵前阀VD01。

（4）FIC101置手动并关闭调节阀FV101及其前、后阀（VB03、VB04）。

3.泵P101A泄液

打开泵P101A泄液阀VD02，观察P101A泵泄液阀VD02的出口，当不再有液体泄出时，显示标志变为红色，关闭P101A泵泄液阀VD02。

4.V101罐泄压、泄液

（1）待罐V101液位小于10%时，打开V101罐泄液阀VD10。

（2）待V101罐液位小于5%时，打开PIC101泄压阀。

（3）观察V101罐泄液阀VD10的出口，当不再有液体泄出时，显示标志变为红色，待罐V101液体排净后，关闭泄液阀VD10。

学生练习

完成离心泵正常停车。

项目二十五　离心泵事故处理操作

日期＿＿＿＿＿年＿＿＿＿月＿＿＿＿日

星期＿＿＿＿节次＿＿＿＿

一、实训目的

1.掌握离心泵典型事故的判断；

2.能根据事故现象熟练地进行事故排除；

3.明确事故处理的原理。

二、实训内容

离心泵的事故的判断和处理。

三、离心泵典型事故处理

事故1.P101A泵坏操作规程

事故现象：（1）P101A泵出口压力急剧下降。

（2）FIC101流量急剧减小。

处理方法：切换到备用泵P101B。

（1）全开P101B泵入口阀VD05、向泵P101B灌液，全开排空阀VD07排P101B的不凝气，当显示标志为绿色后，关闭VD07。

（2）灌泵和排气结束后，启动P101B。

（3）待泵P101B出口压力升至入口压力的1.5～2倍后，打开P101B出口阀VD08，同时缓慢关闭P101A出口阀VD04，以尽量减少流量波动。

（4）待P101B进出口压力指示正常，按停泵顺序停止P101A运转，关闭泵P101A入口阀VD01，并通知维修工。

事故2.调节阀FV101阀卡操作规程

事故现象：FIC101的液体流量不可调节。

处理方法：（1）打开FV101的旁通阀VD09，调节流量使其达到正常值。

（2）手动关闭调节阀FV101及其后阀VB04、前阀VB03。

（3）通知维修部门。

事故3.P101A入口管线堵操作规程

事故现象：（1）P101A泵入口、出口压力急剧下降。

（2）FIC101流量急剧减小到零。

处理方法：按泵的切换步骤切换到备用泵P101B，并通知维修部门进行维修。

事故4.P101A泵汽蚀操作规程

事故现象：（1）P101A泵入口、出口压力上下波动。

（2）P101A泵出口流量波动（大部分时间达不到正常值）。

处理方法：按泵的切换步骤切换到备用泵P101B。

事故5.P101A泵气缚操作规程

事故现象：（1）P101A泵入口、出口压力急剧下降。

（2）FIC101流量急剧减少。

处理方法：按泵的切换步骤切换到备用泵P101B。

学生练习

完成离心泵典型事故的判断和处理至熟练。

 思考题

1.离心泵中叶轮的作用是（　　）。

　A.传递动能　　　　B.传递位能　　　　C.传递静压能　　　　D.传递机械能

2.离心泵中流量又称（　　）。

　A.吸液能力　　　　B.送液能力　　　　C.漏液能力　　　　D.处理液体能力

3.本仿真中的离心泵正常操作输出流量为（　　）kg/h。

　A.10000　　　　B.20000　　　　C.30000　　　　D.40000

4.由离心泵特性曲线可知：流量增大，则扬程（　　）。

　A.增大　　　　B.不变　　　　C.减少　　　　D.在特定范围内增或减

5.为了防止（　　）现象发生，启动离心泵时必须先关闭泵的出口阀。

　A.电机烧坏　　　　B.叶轮受损　　　　C.气缚　　　　D.气蚀

6.每秒钟泵对（　　）所做的功，称为有效功率。

　A.泵轴　　　　B.输送液体　　　　C.泵壳　　　　D.叶轮

7.请简述离心泵的工作原理及结构？

8.什么叫气蚀现象？气蚀现象有什么破坏作用？

9.为什么离心泵在启动前要在泵内灌满被输送液体？

10.离心泵出口压力过高或过低应如何调节？

模块六 间歇反应釜单元

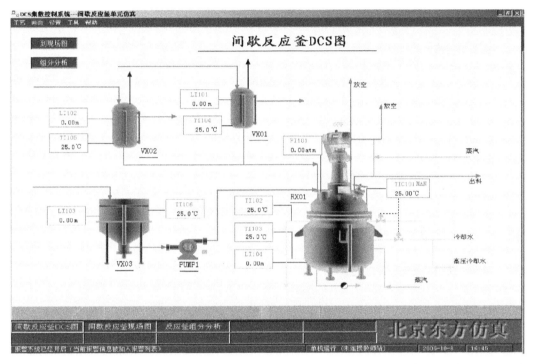

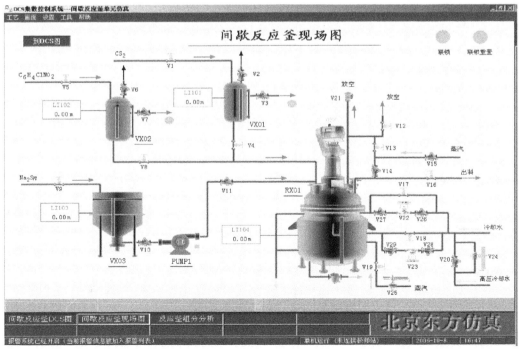

项目二十六 间歇反应釜概述

日期_____年_____月_____日

星期_____节次_____

一、实训目的

1.掌握间歇反应釜单元仿真的基本原理及流程；

2.了解整个工艺中的设备及用途。

二、实训内容

间歇反应釜单元流程学习。

三、间歇反应釜单元工艺

1.工艺说明

间歇反应在助剂、制药、染料等行业的生产过程中很常见。本工艺过程的产品（2-巯基苯并噻唑）就是橡胶制品硫化促进剂DM（2，2-二硫代苯并噻唑）的中间产品，它本身也是硫化促进剂，但活性不如DM。

全流程的缩合反应包括备料工序和缩合工序。考虑到突出重点，将备料工序略去。则缩合工序共有三种原料，多硫化钠（Na_2S_n）、邻硝基氯苯（$C_6H_4NO_2Cl$）及二硫化碳（CS_2）。

主反应如下：

$2C_6H_4NO_2Cl+Na_2S_n \longrightarrow C_{12}H_8N_2S_2O_4+2NaCl+（n-2）S\downarrow$

$C_{12}H_8N_2S_2O_4+2CS_2+2H_2O+3Na_2S_n \longrightarrow 2C_7H_4NS_2Na+2H_2S\uparrow+3Na_2S_2O_3+（3n+4）S\downarrow$

副反应如下：

$C_6H_4NO_2Cl+Na_2S_n+H_2O \longrightarrow C_6H_6NCl+Na_2S_2O_3+（n-2）S\downarrow$

工艺流程如下：

来自备料工序的CS_2、$C_6H_4NO_2Cl$、Na_2S_n分别注入计量罐及沉淀罐中，经计量沉淀后利用位差及离心泵压入反应釜中，釜温由夹套中的蒸汽、冷却水及蛇管中的冷却水控制，设有分程控制TIC101（只控制冷却水），通过控制反应釜温来控制反应速率及副反应速率，来获得较高的收率及确保反应过程安全。

在本工艺流程中，主反应的活化能要比副反应的活化能要高，因此升温后更利于反应收率。在90℃的时候，主反应和副反应的速率比较接近，因此，要尽量延长反应温度在90℃以上时的时间，以获得更多的主反应产物。

2.设备一览

设备代号	设备名称
RX01	间歇反应釜
VX01	CS_2计量罐
VX02	邻硝基氯苯计量罐
VX03	Na_2S_n沉淀罐
PUMP1	离心泵

学生练习

完成间歇反应的工艺流程的绘制。

项目二十七　间歇反应釜开车操作

日期_____年_____月_____日

星期_____节次_____

一、实训目的

1.掌握间歇反应釜开车的操作规程；

2.能根据操作规程熟练进行开车仿真训练；

3.能维持正常的反应。

二、实训内容

1.间歇反应釜开车；

2.间歇反应釜的正常运行。

三、操作步骤

装置开工状态为各计量罐、反应釜、沉淀罐处于常温、常压状态,各种物料均已备好,大部分阀门、机泵处于关停状态(除蒸汽联锁阀外)。

1.备料过程

(1)向沉淀罐VX03进料(Na_2S_n)

① 开阀门V9,向罐VX03充液。

② VX03液位接近3.60m时,关小V9,至3.60m时关闭V9。

③ 静置4min(实际4h)备用。

(2)向计量罐VX01进料(CS_2)

① 开放空阀门V2。

② 开溢流阀门V3。

③ 开进料阀V1,开度约为50%,向罐VX01充液。液位接近1.4m时,可关小V1。

④ 溢流标志变绿后,迅速关闭V1。

⑤ 待溢流标志再度变红后,可关闭溢流阀V3。

(3)向计量罐VX02进料(邻硝基氯苯)

① 开放空阀门V6。

② 开溢流阀门V7。

③ 开进料阀V5,开度约为50%,向罐VX01充液。液位接近1.2m时,可关小V5。

④ 溢流标志变绿后,迅速关闭V5。

⑤ 待溢流标志再度变红后,可关闭溢流阀V7。

2.进料

(1)微开放空阀V12,准备进料。

(2)从VX03中向反应器RX01中进料(Na_2S_n)

① 打开泵前阀V10,向进料泵PUMP1中充液。

② 打开进料泵PUMP1。

③ 打开泵后阀V11,向RX01中进料。

④ 至液位小于0.1m时停止进料。关泵后阀V11。

⑤ 关泵PUMP1。

⑥ 关泵前阀V10。

(3)从VX01中向反应器RX01中进料(CS_2)

① 检查放空阀V2开放。

② 打开进料阀V4向RX01中进料。

③ 待进料完毕后关闭V4。

(4)从VX02中向反应器RX01中进料(邻硝基氯苯)。

① 检查放空阀V6开放。

② 打开进料阀V8向RX01中进料。

③ 待进料完毕后关闭V8。

（5）进料完毕后关闭放空阀V12。

3.开车阶段

（1）检查放空阀V12及进料阀V4、V8、V11是否关闭。打开联锁控制。

（2）开启反应釜搅拌电机M1。

（3）适当打开夹套蒸汽加热阀V19，观察反应釜内温度和压力上升情况，保持适当的升温速度。

（4）控制反应温度直至反应结束。

4.反应过程控制

（1）当温度升至55～65℃关闭V19，停止通蒸汽加热。

（2）当温度升至70～80℃时微开TIC101（冷却水阀V22、V23），控制升温速度。

（3）当温度升至110℃以上时，是反应剧烈的阶段。应小心加以控制，防止超温。当温度难以控制时，打开高压水阀V20，并可关闭搅拌器M1以使反应降速。当压力过高时，可微开放空阀V12以降低气压，但放空会使CS_2损失，且污染大气。

（4）反应温度大于128℃时，相当于压力超过8atm，已处于事故状态，如联锁开关处于"ON"的状态，联锁启动（开高压冷却水阀，关搅拌器，关加热蒸汽阀）。

（5）压力超过15atm（相当于温度大于160℃），反应釜安全阀作用。

学生练习

完成间歇反应的正常开车和运行。

 项目二十八 间歇反应釜停车操作

日期_____年_____月_____日

星期_____节次_____

一、实训目的

1.掌握间歇反应釜停车的操作规程；

2.能根据操作规程熟练进行停车仿真训练。

二、实训内容

间歇反应釜的停车。

三、停车步骤

1. 打开放空阀 V12 5～10s，放掉釜内残存的可燃气体。关闭 V12。

2. 向釜内通增压蒸汽

① 打开蒸汽总阀 V15。

② 打开蒸汽加压阀 V13 给釜内升压，使釜内气压高于 4atm。

3. 打开蒸汽预热阀 V14 片刻。

4. 在冷却水量很小的情况下，反应釜的温度下降仍较快，则说明反应接近尾声，可以进行停车出料操作了。打开出料阀门 V16 出料。

5. 出料完毕后保持开 V16 约 10s 进行吹扫。

6. 关闭出料阀 V16（尽快关闭，超过 1min 不关闭将不能得分）。

7. 关闭蒸汽阀 V15。

学生练习

完成间歇反应的正常停车。

 项目二十九　间歇反应釜事故处理操作

日期_____年_____月_____日

星期_____节次_____

一、实训目的

1. 掌握间歇反应釜典型事故的判断；

2. 能根据事故现象熟练进行事故排除及处理；

3. 明确间歇反应事故处理的原理。

二、实训内容

间歇反应釜事故的判断和处理。

三、典型事故处理

事故1.超温（压）事故

原因：反应釜超温（超压）。

现象：温度大于128℃（压力大于8atm）。

处理：（1）开大冷却水，打开高压冷却水阀V20。

（2）关闭搅拌器M1，使反应速率下降。

（3）如果压力超过12atm，打开放空阀V12。

事故2.搅拌器M1停转

原因：搅拌器坏。

现象：反应速率逐渐下降为低值，产物浓度变化缓慢。

处理：停止操作，出料维修。

事故3.冷却水阀V22、V23卡住（堵塞）

原因：蛇管冷却水阀V22卡。

现象：开大冷却水阀对控制反应釜温度无作用，且出口温度稳步上升。

处理：开冷却水旁路阀V17调节。

事故4.出料管堵塞

原因：出料管硫黄结晶，堵住出料管。

现象：出料时，内气压较高，但釜内液位下降很慢。

处理：开出料预热蒸汽阀V14吹扫5min以上（仿真中采用）。拆下出料管用火烧化硫黄，或更换管段及阀门。

事故5.测温电阻连线故障

原因：测温电阻连线断。

现象：温度显示置零。

处理：改用压力显示对反应进行调节（调节冷却水用量）。

升温至压力为0.3～0.75atm就停止加热。

升温至压力为1.0～1.6atm开始通冷却水。

压力为3.5～4atm以上为反应剧烈阶段。

反应压力大于7atm，相当于温度大于128℃处于故障状态。

反应压力大于10atm，反应器联锁启动。

反应压力大于15atm，反应器安全阀启动。（以上压力为表压）

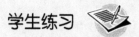

学生练习

间歇反应的典型事故的判断和处理至熟练。

思考题

1.间歇反应釜单元中所用的反应原料为（　　）。

   A.多硫化钠、邻硝基氯苯、二硫化碳

   B.多硫化钠、邻硝基氯苯、邻氯苯胺

   C.硫黄、邻硝基氯苯、二硫化碳

   D.多硫化钠、2-巯基苯并噻唑、二硫化碳

2.在反应阶段反应温度应维持在110～128℃之间，若无法维持时，应（　　）。

   A.打开高压冷却水阀　　　　　　　B.关闭蒸汽阀

   C.打开放空阀　　　　　　　　　　D.打开冷却水阀

3.釜式反应器的换热可以采用（　　）

   A.夹套　　　　　　B.蛇管

   C.列管　　　　　　D.三者均可

4.当反应釜内的温度升至75℃时，可以关闭蒸汽，为什么？（　　）

   A.反应釜内的物料反应产生大量热，可以维持继续升温

   B.反应釜内密闭，温度不会下降

   C.反应釜内依靠搅拌会产生大量热

   D.反应釜温度可以完全不用蒸汽

5.下列步骤中，哪个是搅拌器M1停转事故的处理步骤？（　　）

   A.开大冷却水，打开高压冷却水阀V20

   B.开冷却水旁路阀V17调节

   C.停止操作，出料检修

   D.如果气压超过12atm，打开放空阀V12

6.当反应温度大于128℃时，已处于事故状态，如联锁开关处于"ON"的状态，联锁启动。下列不属于联锁动作的是（　　）。

   A.开高压冷却水阀　　　　　　　　B.全开冷却水阀

   C.关搅拌器　　　　　　　　　　　D.关加热蒸汽阀

7.如果出现反应釜超温事故该怎么处理？

8.间歇反应的停车操作步骤是什么？

9.间歇反应釜搅拌器停后将出现什么现象？

10.间歇反应釜如果出现出料管堵的原因是什么？

模块七　管式加热炉单元

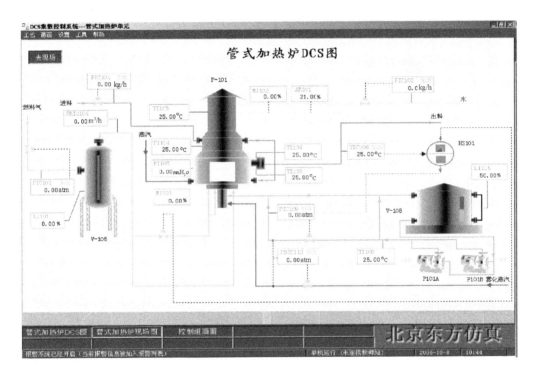

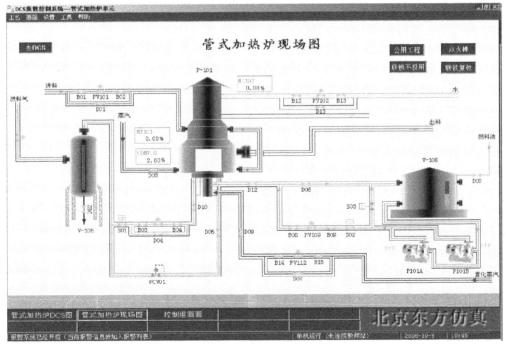

项目三十 管式加热炉单元概述

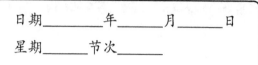

日期_____年_____月_____日

星期_____节次_____

一、实训目的

1.掌握管式加热炉单元仿真的基本原理及流程；

2.了解整个工艺中的设备及用途。

二、实训内容

管式加热炉单元流程。

三、管式加热炉工艺

1.工艺流程简述

本单元选择的是石油化工生产中最常用的管式加热炉。管式加热炉是一种直接受热式加热设备，主要用于加热液体或气体化工原料，所用燃料通常有燃料油和燃料气。管式加热炉的传热方式以辐射传热为主，管式加热炉通常由以下几部分构成。

辐射室：通过火焰或高温烟气进行辐射传热的部分。这部分直接受火焰冲刷，温度很高（600～1600℃），是热交换的主要场所（占热负荷的70%～80%）。

对流室：靠辐射室出来的烟气进行以对流传热为主的换热部分。

燃烧器：是使燃料雾化并混合空气，使之燃烧的产热设备，燃烧器可分为燃料油燃烧器、燃料气燃烧器和油-气联合燃烧器。

通风系统：将燃烧用空气引入燃烧器，并将烟气引出炉子，可分为自然通风方式和强制通风方式。

（1）工艺物料系统 某烃类化工原料在流量调节器FIC101的控制下先进入加热炉F-101的对流段，经对流的加热升温后，再进入F-101的辐射段，被加热至420℃后，送至下一工序，其炉出口温度由调节器TIC106通过调节燃料气流量或燃料油压力来控制。

采暖水在调节器FIC102控制下，经与F-101的烟气换热，回收余热后，返回采暖水系统。

（2）燃料系统 燃料气管网的燃料气在调节器PIC101的控制下进入燃料气罐

V-105，燃料气在V-105中脱油脱水后，分两路送入加热炉，一路在PCV01控制下送入常明线；一路在TV106调节阀控制下送入油-气联合燃烧器。

来自燃料油罐V-108的燃料油经P101A/B升压后，在PIC109控制压送至燃烧器火嘴前，用于维持火嘴前的油压，多余燃料油返回V-108。来自管网的雾化蒸汽在PDIC112的控制压与燃料油保持一定压差情况下送入燃料器。来自管网的吹热蒸汽直接进入炉膛底部。

2.设备一览

设备代号	设备名称
V-105	燃料气分液罐
V-108	燃料油贮罐
F-101	管式加热炉
P101A	燃料油 A 泵
P101B	燃料油 B 泵

学生练习

熟悉管式加热炉工艺流程并书面绘制。

项目三十一 管式加热炉开车操作

日期_____年_____月_____日

星期_____节次_____

一、实训目的

1.掌握管式加热炉开车的操作规程；
2.能根据操作规程熟练进行开车和运行仿真训练。

二、实训内容

1.管式加热炉的开车；
2.管式加热炉的正常运行。

三、操作步骤

装置的开车状态为氨置换的常温常压氨封状态。

1.开车前的准备

（1）公用工程启用（现场图"UTILITY"按钮置"ON"）。

（2）摘除联锁（现场图"BYPASS"按钮置"ON"）。

（3）联锁复位（现场图"RESET"按钮置"ON"）。

2.点火准备工作

（1）全开加热炉的烟道挡板MI102。

（2）打开吹扫蒸汽阀D03，吹扫炉膛内的可燃气体（实际约需10min）。

（3）待可燃气体的含量低于0.5%后，关闭吹扫蒸汽阀D03。

（4）将MI101调节至30%。

（5）调节MI102在一定的开度（30%左右）。

3.燃料气准备

（1）手动打开PIC101的调节阀，向V-105充燃料气。

（2）控制V-105的压力不超过2atm，在2atm处将PIC101投自动。

4.点火操作

（1）当V-105压力大于0.5atm后，启动点火棒（"IGNITION"按钮置"ON"），开常明线上的根部阀门D05。

（2）确认点火成功（火焰显示）。

（3）若点火不成功，需重新进行吹扫和再点火。

5.升温操作

（1）确认点火成功后，先进燃料气线上的调节阀的前后阀（B03、B04），再稍开（<10%）调节阀（TV106），再全开根部阀D10，引燃料气入加热炉火嘴。

（2）用调节阀TV106控制燃料气量，来控制升温速度。

（3）当炉膛温度升至100℃时恒温30s（实际生产恒温1h）烘炉，当炉膛温度升至180℃时恒温30s（实际生产恒温1h）暖炉。

6.引工艺物料

当炉膛温度升至180℃后，引工艺物料。

（1）先开进料调节阀的前后阀B01、B02，再稍开调节阀FV101（<10%）。引进工艺物料进加热炉。

（2）先开采暖水线上调节阀的前后阀B13、B12，再稍开调节阀FV102（<10%），引采暖水进加热炉。

7.启动燃料油系统

待炉膛温度升至200℃左右时，开启燃料油系统。

（1）开雾化蒸汽调节阀的前后阀B15、B14，再微开调节阀PDIC112（<10%）。

（2）全开雾化蒸汽的根部阀D09。

（3）开燃料油压力调节阀PV109的前后阀B09、B08。

（4）开燃料油返回V-108管线阀D06。

（5）启动燃料油泵P101A。

（6）微开燃料油调节阀PV109（<10%），建立燃料油循环。

（7）全开燃料油根部阀D12，引燃料油入火嘴。

（8）打开V-108进料阀D08，保持贮罐液位为50%。

（9）按升温需要逐步开大燃料油调节阀，通过控制燃料油升压（最后到6atm左右）来控制进入火嘴的燃料油量，同时控制PDIC112在4atm左右。

8. 调整至正常

（1）逐步升温使炉出口温度至正常（420℃）。

（2）在升温过程中，逐步开大工艺物料线的调节阀，使之流量调整至正常。

（3）在升温过程中，逐步采暖水流量调至正常。

（4）在升温过程中，逐步调整风门使烟气氧含量正常。

（5）逐步调节挡板开度使炉膛负压正常。

（6）逐步调整其他参数至正常。

（7）将联锁系统投用（"INTERLOCK"按钮置"ON"）。

9. 正常操作工况下主要工艺参数的生产指标

（1）炉出口温度TIC106：420℃。

（2）炉膛温度TI104：640℃。

（3）烟道气温度TI105：210℃。

（4）烟道氧含量AR101：4%。

（5）炉膛负压PI107：–2.0mmH$_2$O。

（6）工艺物料量FIC101：3072.5kg/h。

（7）采暖水流量FIC102：9584kg/h。

（8）V-105压力PIC101：2atm。

（9）燃料油压力PIC109：6atm。

（10）雾化蒸汽压差PDIC112：4atm。

10. TIC106控制方案切换

工艺物料的炉出口温度TIC106可以通过燃料气和燃料油两种方式进行控制。两种方式的切换由HS101切换开关来完成。当HS101切入燃料气控制时，TIC106直接控制燃料气调节阀，燃料油由PIC109单回路自行控制；当HS101切入燃料油控制时，TIC106与PIC109结成串级控制，通过燃料油压力控制燃料油燃烧量。

学生练习

完成间歇反应的正常开车并能正常运行。

项目三十二　管式加热炉停车操作

日期＿＿＿＿＿年＿＿＿＿月＿＿＿＿日

星期＿＿＿＿节次＿＿＿＿

一、实训目的

1.掌握管式加热炉停车的操作规程；

2.能根据操作规程熟练进行停车仿真训练。

二、实训内容

管式加热炉的停车。

三、停车步骤

1.停车准备

摘除联锁系统（现场图上按下"联锁不投用"）。

2.降量

（1）通过FIC101逐步降低工艺物料进料量至正常的70%。

（2）在FIC101降量过程中，逐步通过减少燃料油压力或燃料气流量，来维持炉出口温度TIC106稳定在420℃左右。

（3）在FIC101降量过程中，逐步降低采暖水FIC102的流量。

（4）在降量过程中，适当调节风门和挡板，维持烟气氧含量和炉膛负压。

3.降温及停燃料油系统

（1）当FIC101降至正常量的70%后，逐步开大燃料油的V-108返回阀来降低燃料油压力，降温。

（2）待V-108返回阀全开后，可逐步关闭燃料油调节阀，再停燃料油泵（P101A/B）。

（3）在降低燃料油压力的同时，降低雾化蒸汽流量，最终关闭雾化蒸汽调节阀。

（4）在以上降温过程中，可适当降低工艺物料进料量，但不可使炉出口温度高于420℃。

4.停燃料气及工艺物料

（1）待燃料油系统停完后，关闭V-105燃料气入口调节阀（PIC101调节阀），停止向V-105供燃料气。

（2）待V-105压力下降至0.3atm时，关燃料气调节阀TV106。

（3）待V-105压力降至0.1atm时，关长明灯根部阀D05，灭火。

（4）待炉膛温度低于150℃时，关FIC101调节阀停工艺进料，关FIC102调节阀，停采暖水。

5.炉膛吹扫

（1）灭火后，开吹扫蒸汽，吹扫炉膛5s（实际10min）。

（2）停吹扫蒸汽后，保持风门、挡板一定开度，使炉膛正常通风。

四、复杂控制系统和联锁系统

1.炉出口温度控制

工艺物流炉出口温度TIC106通过一个切换开关HS101控制。实现两种控制方案：其一是直接控制燃料气流量，其二是与燃料压力调节器PIC109构成串级控制。

2.炉出口温度联锁

（1）联锁源

① 工艺物料进料量过低（FIC101<正常值的50%）。

② 雾化蒸汽压力过低（低于7atm）。

（2）联锁动作

① 关闭燃料气入炉电磁阀S01。

② 关闭燃料油入炉电磁阀S02。

③ 打开燃料油返回电磁阀S03。

学生练习

完成间歇反应的正常停车至熟练。

 项目三十三　管式加热炉事故处理

日期_____年_____月_____日

星期_____节次_____

一、实训目的

1.掌握管式加热炉典型事故的判断；

2.能根据事故现象熟练进行事故排除及处理；

3.明确事故处理的原理。

二、实训内容

管式加热炉事故的判断和处理。

三、典型事故的处理

事故 1. 燃料油火嘴堵

事故现象：（1）燃料油泵出口压控阀压力忽大忽小。

（2）燃料气流量急骤增大。

处理方法：紧急停车。

事故 2. 燃料气压力低

事故现象：（1）炉膛温度下降。

（2）炉出口温度下降。

（3）燃料气分液罐压力降低。

处理方法：（1）改为烧燃料油控制。

（2）通知指导教师联系调度处理。

事故 3. 炉管破裂

事故现象：（1）炉膛温度急骤升高。

（2）炉出口温度升高。

（3）燃料气控制阀关阀。

处理方法：紧急停车。

事故 4. 燃料气调节阀卡

事故现象：（1）调节器信号变化时燃料气流量不发生变化。

（2）炉出口温度下降。

处理方法：（1）改现场旁路手动控制。

（2）通知指导教师联系仪表人员进行修理。

事故 5. 燃料气带液

事故现象：（1）炉膛和炉出口温度先下降。

（2）燃料气流量增加。

（3）燃料气分液罐液位升高。

处理方法：（1）关燃料气控制阀。

（2）改由烧燃料油控制。

（3）通知指导教师联系调度处理。

事故 6. 燃料油带水

事故现象：燃料气流量增加。

处理方法：（1）关燃料油根部阀和雾化蒸汽。

（2）改由烧燃料气控制。

（3）通知指导教师联系调度处理。

事故7.雾化蒸汽压力低

事故现象：（1）产生联锁。

（2）PIC109控制失灵。

（3）炉膛温度下降。

处理方法：（1）关燃料油根部阀和雾化蒸汽。

（2）直接用温度控制调节器控制炉温。

（3）通知指导教师联系调度处理。

事故8.燃料油泵A停

事故现象：（1）炉膛温度急剧下降。

（2）燃料气控制阀开度增加。

处理方法：（1）现场启动备用泵。

（2）调节燃料气控制阀的开度。

学生练习

完成间歇反应典型事故的判断和处理至熟练。

思考题

1.加热炉按热源划分可分为（　　）。

A.燃煤炉　　　　　　B.燃油炉

C.燃气炉　　　　　　D.油气混合燃烧炉

2.加热炉按炉温可分为（　　）。

A.高中温混合炉

B.高温炉（>1000℃）

C.中温炉（650～1000℃）

D.低温炉（<650℃）

3.油气混合燃烧管式加热炉开车时要先对炉膛进行蒸汽吹扫。并先烧（　　），再烧（　　）。而停车时，应先停（　　），后停（　　）。

A.燃料气，燃料油，燃料油，燃料气

B.燃料气，燃料油，燃料气，燃料油

C.燃料油，燃料气，燃料煤，燃料油

D.燃料油，燃料煤，燃料气，燃料油

4.本单元工艺物料温度TIC106，有两种控制方案（　　）。

    A.直接通过控制燃烧气体流量调节

    B.与燃料油压力调节器PIC109构成串级控制回路

    C.与炉膛温度TI104构成串级

    D.与炉膛内压力构成前馈控制

5.在加热炉稳定运行时，炉出口工艺物料的温度应保持在（　　）。

    A.200℃　　　　　　　　B.3000℃　　　　　　C.4000℃　　　　　　　D.420℃

6.燃料气压力低的主要现象是（　　）。

    A.燃料气分液罐压力低　　　　　　　　B.炉膛温度降低

    C.炉出口温度升高　　　　　　　　　　D.燃料气流量急剧增大

7.加热炉在点火前为什么要对炉膛进行吹扫？

8.加热过程中风门和烟道挡板的开度大小对炉膛负压和烟道气出口氧气含量有什么影响？

9.烟道气出口氧气含量为什么要保持在一定范围？过高过低意味着什么？

10.雾化蒸汽过大或过小，对燃烧油什么影响？应如何处理？

模块八　固定床反应器单元

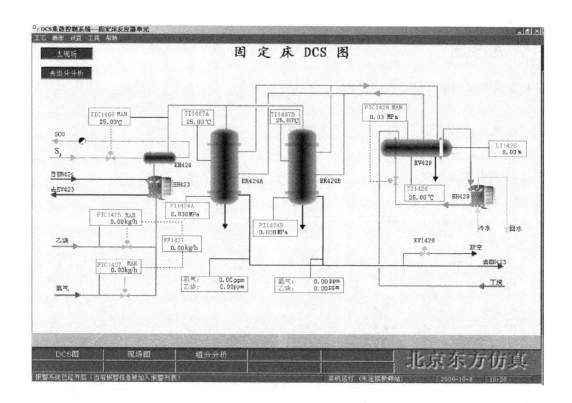

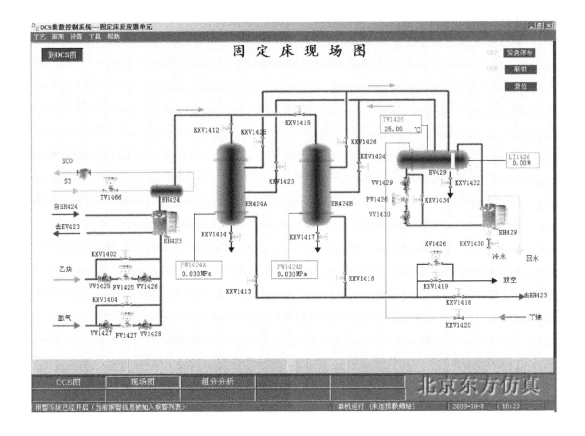

项目三十四　固定床反应器单元概述

日期_____年_____月_____日

星期_____节次_____

一、实训目的

1.掌握固定床反应器单元仿真的基本原理及流程；

2.了解整个工艺中的设备及用途。

二、实训内容

固定床反应器单元流程。

三、固定床反应器工艺

1. 工艺说明

固定床反应器，又称填充床反应器，是装填有固体催化剂或固体反应物用以实现多相反应过程的一种反应器。固体物通常呈颗粒状，粒径 2～15mm，堆积成一定高度（或厚度）的床层。床层静止不动，流体通过床层进行反应。它与流化床反应器及移动床反应器的区别在于固体颗粒处于静止状态。固定床反应器主要用于实现气固相催化反应，如氨合成塔、二氧化硫接触氧化器、烃类蒸气转化炉等。用于气固相或液固相非催化反应时，床层则填装固体反应物。

本流程为利用催化加氢脱乙炔的工艺。乙炔是通过等温加氢反应器除掉的，反应器温度由壳侧中冷剂温度控制。

主反应为：$nC_2H_2 + 2nH_2 \longrightarrow (C_2H_6)_n$，该反应是放热反应。每克乙炔反应后放出热量约为 34000kcal（1cal=4.18J，下同）。温度超过 66℃时有副反应为：$2nC_2H_4 \longrightarrow (C_4H_8)_n$，该反应也是放热反应。

冷却介质为液态丁烷，通过丁烷蒸发带走反应器中的热量，丁烷蒸气通过冷却水冷凝。

反应原料分两股，一股为约 -15℃的以 C_2 为主的烃原料，进料量由流量控制器 FIC1425 控制；另一股为 H_2 与 CH_4 的混合气，温度约 10℃，进料量由流量控制器 FIC1427 控制。FIC1425 与 FIC1427 为比值控制，两股原料按一定比例在管线中混合后经原料气/反应气换热器（EH423）预热，再经原料预热器（EH424）预热到 38℃，进入固定床反应器（ER424A/B）。预热温度由温度控制器 TIC1466 通过调节预热器 EH424 加热蒸汽（S_3）的流量来控制。

ER424A/B 中的反应原料在 2.523MPa、44℃下反应生成 C_2H_6。当温度过高时会发生 C_2H_4 聚合生成 C_4H_8 的副反应。反应器中的热量由反应器壳侧循环的加压 C_4 冷剂蒸发带走。C_4 蒸气在水冷器 EH429 中由冷却水冷凝，而 C_4 冷剂的压力由压力控制器 PIC1426 通过调节 C_4 蒸气冷凝回流量来控制，从而保持 C_4 冷剂的温度。

2. 本单元复杂控制回路说明

FF1427：为一比值调节器。根据 FIC1425（以 C_2 为主的烃原料）的流量，按一定的比例，相适应的调整 FIC1427（H_2）的流量。

比值调节：工业上为了保持两种或两种以上物料的比例为一定值的调节叫比值调节。对于比值调节系统，首先是要明确哪种物料是主物料，而另一种物料按主物料来配比。在本单元中，FIC1425（以 C_2 为主的烃原料）为主物料，而 FIC1427（H_2）的量是随主物料（C_2 为主的烃原料）的量的变化而改变。

3.设备一览

设备代号	设备名称
EH423	原料气/反应气换热器
EH424	原料气预热器
EH429	C_4蒸气冷凝器
EV429	C_4闪蒸罐
ER424A/B	C_2X加氢反应器

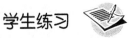 学生练习

熟悉固定床反应器工艺流程并绘制流程图。

项目三十五　固定床反应器开车操作

日期_____年_____月_____日

星期_____节次_____

一、实训目的

1.掌握固定床反应器开车的操作规程；
2.能根据操作规程熟练进行开车仿真训练；
3.掌握正常运行的方法。

二、实训内容

1.固定床反应器开车；
2.固定床反应器的正常运行。

三、操作步骤

装置的开工状态为反应器和闪蒸罐都处于已进行过氮气冲压置换后，保压在 0.03MPa状态。可以直接进行实气冲压置换。

1.EV429闪蒸器充丁烷

（1）确认EV429压力为0.03MPa。

（2）打开EV429回流阀PV1426的前后阀VV1429、VV1430。

（3）调节PV1426（PIC1426）阀开度为50%。

（4）EH429通冷却水，打开KXV1430，开度为50%。

（5）打开EV429的丁烷进料阀门KXV1420，开度50%。

（6）当EV429液位到达50%时，关进料阀KXV1420。

2.ER424A反应器充丁烷

（1）确认事项

① 反应器0.03MPa保压。

② EV429液位到达50%。

（2）充丁烷　打开丁烷冷剂进ER424A壳层的阀门KXV1423，有液体流过，充液结束；同时打开出ER424A壳层的阀门KXV1425。

3.ER424A启动

（1）启动前准备工作

① ER424A壳层有液体流过。

② 打开S3蒸汽进料控制TIC1466。

③ 调节PIC1426设定，压力控制设定在0.4MPa。

（2）ER424A充压、实气置换

① 打开FIC1425的前后阀VV1425、VV1426和KXV1412。

② 打开阀KXV1418。

③ 微开ER424A出料阀KXV1413，丁烷进料控制FIC1425（手动），慢慢增加进料，提高反应器压力，充压至2.523MPa。

④ 慢开ER424A出料阀KXV1413至50%，充压至压力平衡。

⑤ 乙炔原料进料控制FIC1425设自动，设定值56186.8kg/h。

（3）ER424A配氢，调整丁烷冷剂压力

① 稳定反应器入口温度在38.0℃，使ER424A升温。

② 当反应器温度接近38.0℃（超过35.0℃），准备配氢。打开FV1427的前后阀VV1427、VV1428。

③ 氢气进料控制FIC1427设自动，流量设定80kg/h。

④ 观察反应器温度变化，当氢气量稳定后，FIC1427设手动。

⑤ 缓慢增加氢气量，注意观察反应器温度变化。

⑥ 氢气流量控制阀开度每次增加不超过5%。

⑦ 氢气量最终加至200kg/h左右，此时H_2/C_2=2.0，FIC1427投串级。

⑧ 控制反应器温度44.0℃左右。

4.保持持正常运行下工艺参数

（1）正常运行时，反应器温度TI1467A为44.0℃，压力PI1424A控制在2.523MPa。

（2）FIC1425设自动，设定值56186.8kg/h，FIC1427设串级。

（3）PIC1426压力控制在0.4MPa，EV429温度TI1426控制在38.0℃。

（4）TIC1466设自动，设定值38.0℃。

（5）ER424A出口氢气浓度低于50ppm（1ppm=1mg/L，下同），乙炔浓度低于200ppm。

（6）EV429液位LI1426为50%。

学生练习

固定床反应器的正常开车和运行。

 项目三十六　固定床反应器停车操作

日期_____年_____月_____日

星期_____节次_____

一、实训目的

1.掌握固定床反应器停车的操作规程；

2.能根据操作规程熟练进行停车仿真训练。

二、实训内容

固定床反应器停车。

三、操作步骤

1. 正常停车

（1）关闭氢气进料，关 VV1427、VV1428，FIC1427 设手动，设定值为0%。

（2）关闭加热器 EH424 蒸汽进料，TIC1466 设手动，开度0%。

（3）闪蒸器冷凝回流控制 PIC1426 设手动，开度100%。

（4）逐渐减少乙炔进料，开大 EH429 冷却水进料。

（5）逐渐降低反应器温度、压力至常温、常压。

（6）逐渐降低闪蒸器温度、压力至常温、常压。

2. 紧急停车

（1）与停车操作规程相同。

（2）也可按急停车按钮（在现场操作图上）。

四、联锁说明

1. 联锁源

（1）现场手动紧急停车（紧急停车按钮）。

（2）反应器温度高报（TI1467A/B>66℃）。

2. 联锁动作

（1）关闭氢气进料，FIC1427 设手动。

（2）关闭加热器 EH424 蒸汽进料，TIC1466 设手动。

（3）闪蒸器冷凝回流控制 PIC1426 设手动，开度100%。

（4）自动打开电磁阀 XV1426。

该联锁有一复位按钮。

注：在复位前，应首先确定反应器温度已降回正常，同时处于手动状态的各控制点的设定应设成最低值。

学生练习

固定床反应器的停车至熟练。

项目三十七 固定床反应器事故处理

日期_____年_____月_____日

星期_____节次_____

一、实训目的

1. 掌握固定床反应器典型事故的判断；

2. 能根据事故现象熟练进行事故排除及处理；

3. 明确事故处理的原理。

二、实训内容

固定床反应器事故的判断和处理。

三、典型事故处理

事故 1. 氢气进料阀卡住

原因：FIC1427 卡在 20% 处。

现象：氢气量无法自动调节。

处理：降低 EH429 冷却水的量。

用旁路阀 KXV1404 手工调节氢气量。

事故 2. 预热器 EH424 阀卡住

原因：TIC1466 卡在 70% 处。

现象：换热器出口温度超高。

处理：增加 EH429 冷却水的量。

减少配氢量。

事故 3. 闪蒸罐压力调节阀卡

原因：PIC1426 卡在 20% 处。

现象：闪蒸罐压力、温度超高。

处理：增加 EH429 冷却水的量。

用旁路阀 KXV1434 手工调节。

事故4.反应器漏气

原因：反应器漏气，KXV1414卡在50%处。

现象：反应器压力迅速降低。

处理：停工。

事故5.EH429冷却水停

原因：EH429冷却水供应停止。

现象：闪蒸罐压力、温度超高。

处理：停工。

事故6.反应器超温

原因：闪蒸罐通向反应器的管路有堵塞。

现象：反应器温度超高，会引发乙烯聚合的副反应。

处理：增加EH429冷却水的量。

学生练习

固定床反应器事故的判断和处理至熟练。

 思考题

1.固定床反应器冷态开车时对系统充氮气的目的是（　　）。

　A.对系统进行压力测试

　B.增大系统压力提高 K_p

　C.排除体系中易燃易爆气体确保安全操作

　D.提高目的产物收率

2.固定床反应器单元的工艺是（　　）。

　A.催化脱氢制乙炔　　　　　　　　B.催化加氢制乙炔

　C.催化加氢脱乙炔　　　　　　　　D.催化脱氢制乙烷

3.反应器超温故障的处理方法为（　　）。

　A.增加EH429冷却水的量　　　　　B.停工

　C.降低EH429冷却水的量　　　　　D.增加配氢量

4.反应器正常停车的步骤是（　　）。

　A.关闭氢气进料，关闭加热器EH424蒸汽进料，全开闪蒸器冷凝回流，逐渐减少乙炔进料

B，关闭加热器EH424蒸汽进料，关闭氢气进料、全开闪蒸器冷凝回流，逐渐减少乙炔进料

C，关闭氢气进料，关闭加热器EH424蒸汽进料、逐渐减少乙炔进料，全开闪蒸器冷凝回流

D，逐渐减少乙炔进料，关闭氢气进料、关闭加热器EH424蒸汽进料，全开闪蒸器冷凝回流

5.反应器温度过高会导致（　　）。

A.会使乙烯产量提高　　　　　　　　B.氢气与乙炔加成为乙烷

C.氢气与乙炔加成为乙烯　　　　　　D.引发乙烯聚合的副反应

6.固定床反应器单元中反应器原料气入口温度应控制为（　　）。

A.38℃　　　　　　B.44℃　　　　　　C.25℃　　　　　　D.40℃

7.结合本单元说说整个工艺流程走向。

8.为什么要严格控制进料气中的氢气含量？如何控制？

9.什么叫催化剂中毒？一旦发生催化剂中毒，应如何操作？

10.什么情况下实施紧急停车？

模块九　吸收解吸单元

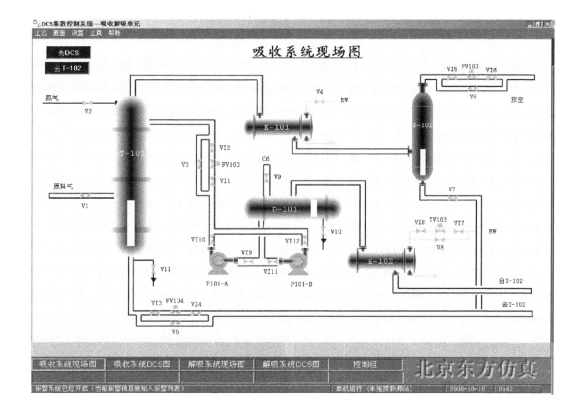

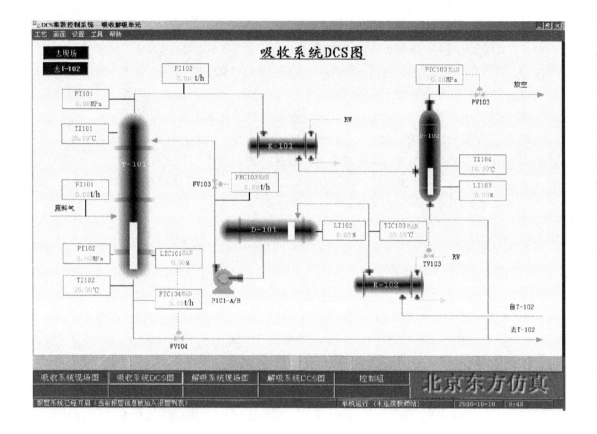

 项目三十八　吸收解吸单元概述

日期_____年_____月_____日

星期_____节次_____

一、实训目的

1.掌握吸收解吸单元仿真的基本原理及流程；

2.了解整个工艺中的设备及用途。

二、实训内容

吸收解吸单元流程。

三、吸收解吸工艺

1.工艺说明

吸收解吸是石油化工生产过程中较常用的重要单元操作过程。吸收过程是利用气体混合物中各个组分在液体（吸收剂）中的溶解度不同，来分离气体混合物。被溶解的组分称为溶质或吸收质，含有溶质的气体称为富气，不被溶解的气体称为贫气或惰性气体。

溶解在吸收剂中的溶质和在气相中的溶质存在溶解平衡，当溶质在吸收剂中达到溶解平衡时，溶质在气相中的分压称为该组分在该吸收剂中的饱和蒸气压。当溶质在气相中的分压大于该组分的饱和蒸气压时，溶质就从气相溶入溶质中，称为吸收过程。当溶质在气相中的分压小于该组分的饱和蒸气压时，溶质就从液相逸出到气相中，称为解吸过程。

提高压力、降低温度有利于溶质吸收;降低压力、提高温度有利于溶质解吸，正是利用这一原理分离气体混合物，而吸收剂可以重复使用。

该单元以C_6油为吸收剂，分离气体混合物（其中C_4：25.13%，CO和CO_2：6.26%，N_2：64.58%，H_2：3.5%，O_2：0.53%）中的C_4组分（吸收质）。

从界区外来的富气从底部进入吸收塔T-101。界区外来的纯C_6油吸收剂贮存于C_6油贮罐D-101中，由C_6油泵P-101A/B送入吸收塔T-101的顶部，C_6流量由FRC103控制。吸收剂C_6油在吸收塔T-101中自上而下与富气逆向接触，富气中C_4组分被溶解在C_6油中。不溶解的贫气自T-101顶部排出，经盐水冷却器E-101被−4℃的盐水冷却至2℃进入尾气分离罐D-102。吸收了C_4组分的富油（C_4：8.2%，C_6：91.8%）从吸收塔底部排出，经贫富油换热器E-103预热至80℃进入解吸塔T-102。吸收塔塔釜液位由LIC101和FIC104通过调节塔釜富油采出量串级控制。

来自吸收塔顶部的贫气在尾气分离罐D-102中回收冷凝的C_4、C_6后，不凝气在D-102压力控制器PIC103［1.2MPa（G）］控制下排入放空总管进入大气。回收的冷凝液（C_4、C_6）与吸收塔釜排出的富油一起进入解吸塔T-102。

预热后的富油进入解吸塔T-102进行解吸分离。塔顶气相出料（C_4：95%）经全冷器E-104换热降温至40℃全部冷凝进入塔顶回流罐D-103，其中一部分冷凝液由P-102A/B泵打回流至解吸塔顶部，回流量8.0T/h，由FIC106控制，其他部分作为C_4产品在液位控制（LIC105）下由P-102A/B泵抽出。塔釜C_6油在液位控制（LIC104）下，经贫富油换热器E-103和盐水冷却器E-102降温至5℃返回至C_6油贮罐D-101再利用，返回温度由温度控制器TIC103通过调节E-102循环冷却水流量控制。

T-102塔釜温度由TIC104和FIC108通过调节塔釜再沸器E-105的蒸汽流量串级控制，控制温度102℃。塔顶压力由PIC-105通过调节塔顶冷凝器E-104的冷却水流量控制，另有一塔顶压力保护控制器PIC-104，在塔顶有凝气压力高时通过调节D-103放空量降压。

因为塔顶C_4产品中含有部分C_6油及其他C_6油损失，所以随着生产的进行，要定期观察C$_6$油贮罐D-101的液位，补充新鲜C$_6$油。

2.本单元复杂控制方案特别说明

吸收解吸单元复杂控制回路主要是串级回路的使用，在吸收塔、解吸塔和产品罐中都使用了液位与流量串级回路。

串级回路是在简单调节系统基础上发展起来的。在结构上，串级回路调节系统有两个闭合回路。主、副调节器串联，主调节器的输出为副调节器的给定值，系统通过副调节器的输出操纵调节阀动作，实现对主参数的定值调节。所以在串级回路调节系统中，主回路是定值调节系统，副回路是随动系统。

举例：在吸收塔T101中，为了保证液位的稳定，有一塔釜液位与塔釜出料组成的串级回路。液位调节器的输出同时是流量调节器的给定值，即流量调节器FIC104的SP值由液位调节器LIC101的输出OP值控制，LIC101.OP的变化使FIC104.SP产生相应的变化。

3.设备一览

设备代号	设备名称
T-101	吸收塔
D-101	C$_6$油贮罐
D-102	气液分离罐
E-101	吸收塔顶冷凝器
E-102	循环油冷却器
P-101A/B	C$_6$油供给泵
T-102	解吸塔
D-103	解吸塔顶回流罐
E-103	贫富油换热器
E-104	解吸塔顶冷凝器
E-105	解吸塔釜再沸器
P-102A/B	解吸塔顶回流、塔顶产品采出泵

学生练习

熟悉吸收单元的工艺流程并绘制。

项目三十九　吸收解吸单元开车操作

日期_____年_____月_____日

星期_____节次_____

一、实训目的

1.掌握吸收解吸单元开车的操作规程；
2.能根据操作规程熟练进行开车仿真训练；
3.掌握吸收正常运行的操作技能。

二、实训内容

1.吸收解吸单元的开车；
2.吸收解吸单元的正常运行。

三、操作步骤

（一）开车操作步骤

装置的开工状态为吸收塔解吸塔系统均处于常温常压下，各调节阀处于手动关闭状态，各手操阀处于关闭状态，氮气置换已完毕，公用工程已具备条件，可以直接进行氮气充压。

1.氮气充压
（1）确认所有手阀处于关状态。
（2）氮气充压
① 打开氮气充压阀，给吸收塔系统充压。
② 当吸收塔系统压力升至1.0MPa（G）左右时，关闭N_2充压阀。
③ 打开氮气充压阀，给解吸塔系统充压。
④ 当吸收塔系统压力升至0.5MPa（G）左右时，关闭N_2充压阀。
2.进吸收油
（1）确认
① 系统充压已结束。
② 所有手阀处于关闭状态。

（2）吸收塔系统进吸收油

① 打开引油阀V9至开度50%左右，给C_6油贮罐D-101充C_6油至液位70%。

② 打开C_6油泵P-101A（或B）的入口阀，启动P-101A（或B）。

③ 打开P-101A（或B）出口阀，手动打开FV103阀至30%左右给吸收塔T-101充液至50%。充油过程中注意观察D-101液位，必要时给D-101补充新油。

（3）解吸塔系统进吸收油

① 手动打开调节阀FV104开度至50%左右，给解吸塔T-102进吸收油至液位50%。

② 给T-102进油时注意给T-101和D-101补充新油，以保证D-101和T-101的液位均不低于50%。

3.C_6油冷循环

（1）确认

① 贮罐、吸收塔、解吸塔液位50%左右。

② 吸收塔系统与解吸塔系统保持合适压差。

（2）建立冷循环

① 手动逐渐打开调节阀LV104，向D-101倒油。

② 当向D-101倒油时，同时逐渐调整FV104，以保持T-102液位在50%左右，将LIC104设定在50%设自动。

③ 由T-101至T-102油循环时，手动调节FV103以保持T-101液位在50%左右，将LIC101设定在50%投自动。

④ 手动调节FV103，使FRC103保持在13.50t/h，投自动，冷循环10min。

4.T-102回流罐D-103灌C_4

打开V21向D-103灌C_4至液位为20%。

5.C_6油热循环

（1）确认

① 冷循环过程已经结束。

② D-103液位已建立。

（2）T-102再沸器投用

① 设定TIC103于5℃，投自动。

② 手动打开PV105至70%。

③ 手动控制PIC105于0.5MPa，待回流稳定后再投自动。

④ 手动打开FV108至50%，开始给T-102加热。

（3）建立T-102回流

① 随着T-102塔釜温度TIC107逐渐升高，C_6油开始汽化，并在E-104中冷凝至回流罐D-103。

② 当塔顶温度高于50℃时，打开P-102A/B泵的入出口阀VI25/27、VI26/28，打开FV106的前后阀，手动打开FV106至合适开度，维持塔顶温度高于51℃。

③ 当TIC107温度指示达到102℃时，将TIC107设定在102℃投自动，TIC107和

FIC108投串级。

④　热循环10min。

6.进富气

（1）确认C_6油热循环已经建立。

（2）进富气

①　逐渐打开富气进料阀V1，开始富气进料。

②　随着T-101富气进料，塔压升高，手动调节PIC103使压力恒定在1.2MPa（表压）。当富气进料达到正常值后，设定PIC103于1.2MPa（表压），投自动。

③　当吸收了C_4的富油进入解吸塔后，塔压将逐渐升高，手动调节PIC105，维持PIC105在0.5MPa（表压），稳定后投自动。

④　当T-102温度、压力控制稳定后，手动调节FIC106使回流量达到正常值8.0t/h，投自动。

⑤　观察D-103液位，液位高于50时，打开LIV105的前后阀，手动调节LIC105维持液位在50%，投自动。

⑥　将所有操作指标逐渐调整到正常状态。

（二）正常运行

1.正常工况操作参数

（1）吸收塔顶压力控制PIC103：1.20MPa（表压）。

（2）吸收油温度控制TIC103：5.0℃。

（3）解吸塔顶压力控制PIC105：0.50MPa（表压）。

（4）解吸塔顶温度：51.0℃。

（5）解吸塔釜温度控制TIC107：102.0℃。

2.补充新油

因为塔顶C_4产品中含有部分C_6油及其他C_6油损失，所以随着生产的进行，要定期观察C_6油贮罐D-101的液位，当液位低于30%时，打开阀V9补充新鲜的C_6油。

3.D-102排液

生产过程中贫气中的少量C_4和C_6组分积累于尾气分离罐D-102中，定期观察D-102的液位，当液位高于70%时，打开阀V7将凝液排放至解吸塔T-102中。

4.T-102塔压控制

正常情况下T-102的压力由PIC-105通过调节E-104的冷却水流量控制。生产过程中会有少量不凝气积累于回流罐D-103中使解吸塔系统压力升高，这时T-102顶部压力超高保护控制器PIC-104会自动控制排放不凝气，维持压力不会超高。必要时可打手动打开PV104至开度1%～3%来调节压力。

学生练习

吸收单元的正常开车和运行。

项目四十　吸收解吸单元停车操作

日期_____年_____月_____日

星期_____节次_____

一、实训目的

1. 掌握吸收解吸单元停车的操作规程；

2. 能根据操作规程熟练进行停车仿真训练。

二、实训内容

吸收解吸单元的停车。

三、操作步骤

1. 停富气进料

（1）关富气进料阀V1，停富气进料。

（2）富气进料中断后，T-101塔压会降低，手动调节PIC103，维持T-101压力>1.0MPa（表压）。

（3）手动调节PIC105维持T-102塔压力在0.20MPa（表压）左右。

（4）维持T-101——→T-102——→D-101的C_6油循环。

2. 停吸收塔系统

（1）停C_6油进料

① 停C_6油泵P-101A/B。

② 关闭P-101A/B入出口阀。

③ FRC103置手动，关FV103前后阀。

④ 手动关FV103阀，停T-101油进料。

此时应注意保持T-101的压力，压力低时可用N_2充压，否则T-101塔釜C_6油无法排出。

（2）吸收塔系统泄油

① LIC101和FIC104置手动，FV104开度保持50%，向T-102泄油。

② 当LIC101液位降至0%时，关闭FV108。

③ 打开V7阀，将D-102中的凝液排至T-102中。

④ 当D-102液位指示降至0%时，关V7阀。

⑤ 关V4阀，中断盐水停E-101。

⑥ 手动打开PV103，吸收塔系统泄压至常压，关闭PV103。

3.停解吸塔系统

（1）停C$_4$产品出料　富气进料中断后，将LIC105置手动，关阀LV105及其前后阀。

（2）T-102塔降温

① TIC107和FIC108置手动，关闭E-105蒸汽阀FV108，停再沸器E-105。

② 停止T-102加热的同时，手动关闭PIC105和PIC104，保持解吸系统的压力。

（3）停T-102回流

① 再沸器停用，温度下降至泡点以下后，油不再汽化，当D-103液位LIC105指示小于10%时，停回流泵P-102A/B，关P-102A/B的入出口阀。

② 手动关闭FV106及其前后阀，停T-102回流。

③ 打开D-103泄液阀V19。

④ 当D-103液位指示下降至0%时，关V19阀。

（4）T-102泄油

① 手动置LV104于50%，将T-102中的油倒入D-101。

② 当T-102液位LIC104指示下降至10%时，关LV104。

③ 手动关闭TV103，停E-102。

④ 打开T-102泄油阀V18，T-102液位LIC104下降至0%时，关V18。

（5）T-102泄压

① 手动打开PV104至开度50%;开始T-102系统泄压。

② 当T-102系统压力降至常压时，关闭PV104。

4.吸收油贮罐D-101排油

（1）当停T-101吸收油进料后，D-101液位必然上升，此时打开D-101排油阀V10排污油。

（2）直至T-102中油倒空，D-101液位下降至0%，关V10。

学生练习

吸收单元的正常停车。

项目四十一　吸收解吸单元事故处理

日期＿＿＿＿＿年＿＿＿＿月＿＿＿＿日

星期＿＿＿＿节次＿＿＿＿

一、实训目的

1.掌握吸收解吸单元典型事故的判断；

2.能根据事故现象熟练进行事故排除及处理；

3.能明确事故处理的原理。

二、实训内容

吸收解吸事故的判断和处理。

三、典型事故处理

事故1.冷却水中断

主要现象：（1）冷却水流量为0。

（2）入口路各阀常开状态。

处理方法：（1）停止进料，关V1阀。

（2）手动关PV103保压。

（3）手动关FV104，停T-102进料。

（4）手动关LV105，停出产品。

（5）手动关FV103，停T-101回流。

（6）手动关FV106，停T-102回流。

（7）关LIC104前后阀，保持液位。

事故2.加热蒸汽中断

主要现象：（1）加热蒸汽管路各阀开度正常。

（2）加热蒸汽入口流量为0。

（3）塔釜温度急剧下降。

处理方法：（1）停止进料，关V1阀。

（2）停T-102回流。

（3）停D-103产品出料。

（4）停T-102进料。

（5）关PV103保压。

（6）关LIC104前后阀，保持液位。

事故3.仪表风中断

主要现象：各调节阀全开或全关。

处理方法：（1）打开FRC103旁路阀V3。

（2）打开FIC104旁路阀V5。

（3）打开PIC103旁路阀V6。

（4）打开TIC103旁路阀V8。

（5）打开LIC104旁路阀V12。

（6）打开FIC106旁路阀V13。

（7）打开PIC105旁路阀V14。

（8）打开PIC104旁路阀V15。

（9）打开LIC105旁路阀V16。

（10）打开FIC108旁路阀V17。

事故4.停电

主要现象：（1）泵P-101A/B停。

（2）泵P-102A/B停。

处理方法：（1）打开泄液阀V10，保持LI102液位在50%。

（2）打开泄液阀V19，保持LI105液位在50%。

（3）关小加热油流量，防止塔温上升过高。

（4）停止进料，关V1阀。

事故5.P-101A泵坏

主要现象：（1）FRC103流量降为0。

（2）塔顶C_4上升，温度上升，塔顶压上升。

（3）釜液位下降。

处理方法：（1）停P-101A（注：先关泵后阀，再关泵前阀）。

（2）开启P-101B，先开泵前阀，再开泵后阀。

（3）由FRC-103调至正常值，并投自动。

事故6.LIC104调节阀卡

主要现象：（1）FI107降至0。

（2）塔釜液位上升，并可能报警。

处理方法：（1）关LIC104前后阀VI13、VI14。

（2）开LIC104旁路阀V12至60%左右。

（3）调整旁路阀V12开度，使液位保持50%。

事故7.换热器E-105结垢严重

主要现象：（1）调节阀FIC108开度增大。

（2）加热蒸汽入口流量增大。

（3）塔釜温度下降，塔顶温度也下降，塔釜C₄组成上升。

处理方法：（1）关闭富气进料阀V1。

（2）手动关闭产品出料阀LIC102。

（3）手动关闭再沸器后，清洗换热器E-105。

学生练习

吸收单元的事故判断和处理至熟练。

 思考题

1. 在吸收解吸单元中，溶液从吸收系统利用（　　）进入解吸系统。

 A. 位差   B. 压差   C. 温差   D. 泵输送

2. 关于解吸塔顶的温度下列说法正确的为（　　）。

 A. 回流量增加温度上升   B. 回流量增加温度下降

 C. 回流量的大小对其无影响   D. 只与塔底再沸器加热蒸汽的用量有关

3. 吸收过程是（　　）。

 A. 利用挥发度的差异来分离混合气体

 B. 利用溶解度的差异来分离混合气体

 C. 利用挥发度的差异来分离混合液体

 D. 利用溶解度的差异来分离混合液体

4. 给系统充氮气时，吸收塔的系统压力与解吸塔的系统压力的关系为（　　）。

 A. 吸收塔的系统压力高于解吸塔的系统压力

 B. 吸收塔的系统压力低于解吸塔的系统压力

 C. 吸收塔的系统压力等于解吸塔的系统压力

 D. 无所谓高低

5. 向D-103充入的是（　　）。

 A. C₆油   B. C₄蒸气   C. C₄液体   D. C₆蒸气

6. 本吸收解吸系统中，运用的解吸方法是下列哪一种？（　　）

 A. 加压解吸   B. 加热解吸

 C. 在惰性气体中解吸   D. 精馏

7. 本工艺在开停车过程中引入氮气，有何作用？

8. 操作时若发现富油无法进入解吸塔，会由哪些原因导致，怎么处理？

9. 如果出现冷却水中断将怎么处理？

10. 从节能的角度对换热器E-103在本单元的作用作出评价？

模块十　精馏塔单元

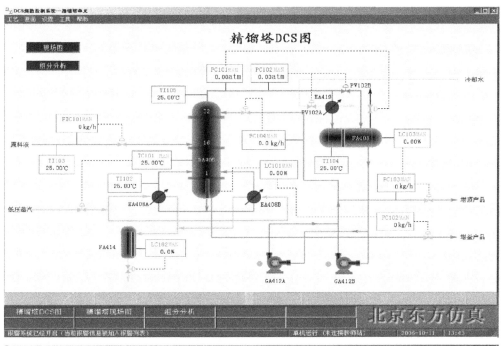

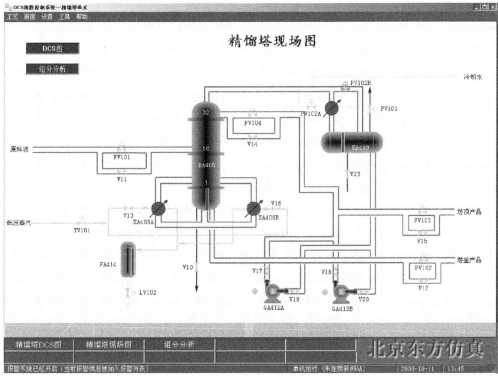

项目四十二　精馏塔单元概述

日期＿＿＿＿＿年＿＿＿＿月＿＿＿＿日

星期＿＿＿＿节次＿＿＿＿

一、实训目的

1.掌握精馏塔单元仿真的基本原理及流程；

2.了解整个工艺中的设备及用途。

二、实训内容

精馏塔单元流程。

三、精馏操作工艺

1.工艺流程简述

精馏是化工生产中分离互溶液体混合物的典型单元操作，其实质是多级蒸馏，即在一定的压力下，利用互溶液体混合物各组分的沸点或饱和蒸气压不同，使轻组分（沸点较低或饱和蒸气压较高的组分）汽化，经多次部分液相汽化和部分气相冷凝，使气相中的轻组分和液相中的重组分浓度逐渐升高，从而实现分离。

精馏过程的主要设备有：精馏塔、再沸器、冷凝器、回流罐和输送设备。精馏塔以进料板为界，上部为精馏段，下部为提馏段。一定温度和压力的料液进入精馏塔后，轻组分在精馏段逐渐浓缩，离开塔顶后全部冷凝进入回流罐，一部分作为塔顶产品（也叫馏出液），另一部分被送入塔内作为回流液。回流液的目的是补充塔板上的轻组分，使塔板上的液体组成保持稳定，保证精馏操作连续稳定地进行。而重组分在提馏段中浓缩后，一部分作为塔釜产品（也叫残液），一部分则经再沸器加热后送回塔中，为精馏操作提供一定量连续上升的蒸气气流。

本流程是利用精馏方法，在脱丁烷塔中将丁烷从脱丙烷塔釜混合物中分离出来。精馏是将液体混合物部分汽化，利用其中各组分相对挥发度的不同，通过液相和气相间的质量传递来实现对混合物分离。本装置中将脱丙烷塔釜混合物部分汽化，由于丁烷的沸点较低，即其挥发度较高，故丁烷易于从液相中汽化出来，再将汽化的蒸气冷凝，可得到丁烷组成高于原料的混合物，经过多次汽化冷凝，即可达到分离混合物中丁烷的目的。

原料为67.8℃脱丙烷塔的釜液（主要有C_4、C_5、C_6、C_7等），由脱丁烷塔（DA405）的第16块板进料（全塔共32块板），进料量由流量控制器FIC101控制。灵敏板温度由调节器TC101通过调节再沸器加热蒸气的流量，来控制提馏段灵敏板温度，从而控制丁烷的分离质量。

脱丁烷塔塔釜液（主要为C_5以上馏分）一部分作为产品采出，一部分经再沸器（EA418A、B）部分汽化为蒸气从塔底上升。塔釜的液位和塔釜产品采出量由LC101和FC102组成的串级控制器控制。再沸器采用低压蒸汽加热。塔釜蒸气缓冲罐（FA414）液位由液位控制器LC102调节底部采出量控制。

塔顶的上升蒸气（C_4馏分和少量C_5馏分）经塔顶冷凝器（EA419）全部冷凝成液体，该冷凝液靠位差流入回流罐（FA408）。塔顶压力PC102采用分程控制：在正常的压力波动下，通过调节塔顶冷凝器的冷却水量来调节压力，当压力超高时，压力报警系统发出报警信号，PC102调节塔顶至回流罐的排气量来控制塔顶压力调节气相出料。操作压力4.25atm（表压），高压控制器PC101将调节回流罐的气相排放量，控制塔内压力稳定。冷凝器以冷却水为载热体。回流罐液位由液位控制器LC103调节塔顶产品采出量来维持恒定。回流罐中的液体一部分作为塔顶产品送下一工序，另一部分液体由回流泵（GA412A/B）送回塔顶作为回流，回流量由流量控制器FC104控制。

2.本单元复杂控制方案说明

吸收解吸单元复杂控制回路主要是串级回路的使用，在吸收塔、解吸塔和产品罐中都使用了液位与流量串级回路。

串级回路：是在简单调节系统基础上发展起来的。在结构上，串级回路调节系统有两个闭合回路。主、副调节器串联，主调节器的输出为副调节器的给定值，系统通过副调节器的输出操纵调节阀动作，实现对主参数的定值调节。所以在串级回路调节系统中，主回路是定值调节系统，副回路是随动系统。

分程控制：就是由一只调节器的输出信号控制两只或更多的调节阀，每只调节阀在调节器的输出信号的某段范围中工作。

具体实例：

DA405的塔釜液位控制LC101和塔釜出料FC102构成一串级回路。

FC102.SP随LC101.OP的改变而变化。

PIC102为一分程控制器，分别控制PV102A和PV102B，当PC102.OP逐渐开大时，PV102A从0逐渐开大到100；而PV102B从100逐渐关小至0。

3.设备一览

设备代号	设备名称
DA405	脱丁烷塔
EA419	塔顶冷凝器
FA408	塔顶回流罐
GA412A/B	回流泵
EA418A/B	塔釜再沸器
FA414	塔釜蒸汽缓冲罐

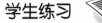

学生练习

熟悉精馏单元工艺流程并绘制流程图。

项目四十三 精馏塔单元开车操作

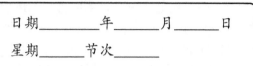

```
日 期_____年_____月_____日
星 期_____节次_____
```

一、实训目的

1. 掌握精馏塔单元开车的操作规程；
2. 能根据操作规程熟练进行开车仿真训练；
3. 掌握精馏设备的正常运行操作技能。

二、实训内容

1. 精馏的开车；
2. 精馏的正常运行。

三、操作步骤

（一）正常开车

装置冷态开工状态为精馏塔单元处于常温、常压氮吹扫完毕后的氮封状态，所有阀门、机泵处于关停状态。

1. 进料过程

（1）开FA408顶放空阀PC101排放不凝气，稍开FIC101调节阀（不超过20%），向精馏塔进料。

（2）进料后，塔内温度略升，压力升高。当压力PC101升至0.5atm时，关闭PC101调节阀投自动，并控制塔压不超过4.25atm（如果塔内压力大幅波动，改回手动调节稳定压力）。

2. 启动再沸器

（1）当压力PC101升至0.5atm时，打开冷凝水PC102调节阀至50%；塔压基本稳定在4.25atm后，可加大塔进料（FIC101开至50%左右）。

（2）待塔釜液位LC101升至20%以上时，开加热蒸汽入口阀V13，再稍开TC101调节阀，给再沸器缓慢加热，并调节TC101阀开度使塔釜液位LC101维持在40%～60%。待FA414液位LC102升至50%时，并投自动，设定值为50%。

3. 建立回流

随着塔进料增加和再沸器、冷凝器投用，塔压会有所升高。回流罐逐渐积液。

（1）塔压升高时，通过开大PC102的输出，改变塔顶冷凝器冷却水量和旁路量来控制塔压稳定。

（2）当回流罐液位LC103升至20%以上时，先开回流泵GA412A/B的入口阀V19/V20，再启动泵，再开出口阀V17/V18，启动回流泵。

（3）通过FC104的阀开度控制回流量，维持回流罐液位不超高，同时逐渐关闭进料，全回流操作。

4.调整至正常

（1）当各项操作指标趋近正常值时，打开进料阀FIC101。

（2）逐步调整进料量FIC101至正常值。

（3）通过TC101调节再沸器加热量使灵敏板温度TC101达到正常值。

（4）逐步调整回流量FC104至正常值。

（5）开FC103和FC102出料，注意塔釜、回流罐液位。

（6）将各控制回路投自动，各参数稳定并与工艺设计值吻合后，投产品采出串级。

（二）正常操作规程

1.正常工况下的工艺参数

（1）进料流量FIC101设为自动，设定值为14056kg/h。

（2）塔釜采出量FC102设为串级，设定值为7349kg/h，LC101设自动，设定值为50%。

（3）塔顶采出量FC103设为串级，设定值为6707kg/h。

（4）塔顶回流量FC104设为自动，设定值为9664kg/h。

（5）塔顶压力PC102设为自动，设定值为4.25atm，PC101设自动，设定值为5.0atm。

（6）灵敏板温度TC101设为自动，设定值为89.3℃。

（7）FA414液位LC102设为自动，设定值为50%。

（8）回流罐液位LC103设为自动，设定值为50%。

2.主要工艺生产指标的调整方法

（1）质量调节：本系统的质量调节采用以提馏段灵敏板温度作为主参数，以再沸器和加热蒸汽流量的调节系统，以实现对塔的分离质量控制。

（2）压力控制：在正常的压力情况下，由塔顶冷凝器的冷却水量来调节压力，当压力高于操作压力4.25atm（表压）时，压力报警系统发出报警信号，同时调节器PC101将调节回流罐的气相出料，为了保持同气相出料的相对平衡，该系统采用压力分程调节。

（3）液位调节：塔釜液位由调节塔釜的产品采出量来维持恒定。设有高低液位报警。回流罐液位由调节塔顶产品采出量来维持恒定。设有高低液位报警。

（4）流量调节：进料量和回流量都采用单回路的流量控制；再沸器加热介质流量，由灵敏板温度调节。

学生练习　

精馏单元的正常开车和运行。

项目四十四　精馏塔单元停车操作

日期_____年_____月_____日
星期_____节次_____

一、实训目的

1.掌握精馏塔单元停车的操作规程；
2.能根据操作规程熟练进行停车仿真训练。

二、实训内容

精馏塔单元停车。

三、停车步骤

1.降负荷
（1）逐步关小FIC101调节阀，降低进料至正常进料量的70%。
（2）在降负荷过程中，保持灵敏板温度TC101的稳定性和塔压PC102的稳定，使精馏塔分离出合格产品。
（3）在降负荷过程中，尽量通过FC103排出回流罐中的液体产品，至回流罐液位LC104在20%左右。
（4）在降负荷过程中，尽量通过FC102排出塔釜产品，使LC101降至30%左右。
2.停进料和再沸器
在负荷降至正常的70%，且产品已大部采出后，停进料和再沸器。
（1）关FIC101调节阀，停精馏塔进料。
（2）关TC101调节阀和V13或V16阀，停再沸器的加热蒸汽。
（3）关FC102调节阀和FC103调节阀，停止产品采出。
（4）打开塔釜泄液阀V10，排不合格产品，并控制塔釜降低液位。
（5）手动打开LC102调节阀，对FA114泄液。
3.停回流
（1）停进料和再沸器后，回流罐中的液体全部通过回流泵打入塔，以降低塔内温度。
（2）当回流罐液位至0时，关FC104调节阀，关泵出口阀V17（或V18），停泵GA412A（或GA412B），关入口阀V19（或V20），停回流。
（3）开泄液阀V10排净塔内液体。
4.降压、降温

（1）打开PC101调节阀，将塔压降至接近常压后，关PC101调节阀。

（2）全塔温度降至50℃左右时，关塔顶冷凝器的冷却水（PC102的输出至0）。

学生练习

精馏单元的正常停车。

项目四十五　精馏塔单元事故处理

日期_____年_____月_____日

星期_____节次_____

一、实训目的

1.掌握精馏塔单元典型事故的判断；

2.能根据事故现象熟练进行事故排除及处理；

3.明确事故处理的原理。

二、实训内容

精馏塔操作事故的判断和处理。

三、典型事故处理

事故1.热蒸汽压力过高

原因：热蒸汽压力过高。

现象：加热蒸汽的流量增大，塔釜温度持续上升。

处理：适当减小TC101的阀门开度。

事故2.热蒸汽压力过低

原因：热蒸汽压力过低。

现象：加热蒸汽的流量减小，塔釜温度持续下降。

处理：适当增大TC101的开度。

事故3.冷凝水中断

原因：停冷凝水。

现象：塔顶温度上升，塔顶压力升高。

处理：（1）开回流罐放空阀PC101保压。

（2）手动关闭FC101，停止进料。

（3）手动关闭TC101，停加热蒸汽。

（4）手动关闭FC103和FC102，停止产品采出。

（5）开塔釜排液阀V10，排不合格产品。

（6）手动打开LIC102，对FA114泄液。

（7）当回流罐液位为0时，关闭FIC104。

（8）关闭回流泵出口阀V17/V18。

（9）关闭回流泵GA412A/GA412B。

（10）关闭回流泵入口阀V19/V20。

（11）待塔釜液位为0时，关闭泄液阀V10。

（12）待塔顶压力降为常压后，关闭冷凝器。

事故4.停电

原因：停电。

现象：回流泵GA412A停止，回流中断。

处理：（1）手动开回流罐放空阀PC101泄压。

（2）手动关进料阀FIC101。

（3）手动关出料阀FC102和FC103。

（4）手动关加热蒸汽阀TC101。

（5）开塔釜排液阀V10和回流罐泄液阀V23，排不合格产品。

（6）手动打开LIC102，对FA114泄液。

（7）当回流罐液位为0时，关闭V23。

（8）关闭回流泵出口阀V17/V18。

（9）关闭回流泵GA412A/GA412B。

（10）关闭回流泵入口阀V19/V20。

（11）待塔釜液位为0时，关闭泄液阀V10。

（12）待塔顶压力降为常压后，关闭冷凝器。

事故5.回流泵故障

原因：回流泵GA412A泵坏。

现象：GA412A断电，回流中断，塔顶压力、温度上升。

处理：（1）开备用泵入口阀V20。

（2）启动备用泵GA412B。

（3）开备用泵出口阀V18。

（4）关闭运行泵出口阀V17。

（5）停运行泵 GA412A。

（6）关闭运行泵入口阀 V19。

事故6. 回流控制阀 FC104 阀卡

原因：回流控制阀 FC104 阀卡。

现象：回流量减小，塔顶温度上升，压力增大。

处理：打开旁路阀 V14，保持回流。

学生练习

精馏单元的事故判断和处理。

 思考题

1. 精馏操作的作用是分离（　　）。

　　A. 气体混合物　　　　B. 液体均相混合物

　　C. 固体混合物　　　　D. 互不溶液体混合物

2. 精馏塔在全回流操作下，（　　）。

　　A. 塔顶产品量为零，塔底必须取出产品

　　B. 塔顶、塔底产品量为零，必须不断加料

　　C. 塔顶、塔底产品量及进料量均为零

　　D. 进料量与塔底产品量均为零，但必须从塔顶取出产品

3. 下列哪项是产生塔板漏液的原因？（　　）。

　　A. 上升蒸气量小　　　　　　　　B. 下降液体量大

　　C. 进料量大　　　　　　　　　　D. 再沸器加热量大

4. 在精馏塔操作中，若出现塔釜温度及压力不稳时，产生的原因可能是（　　）。

　　A. 蒸汽压力不稳定　　　　　　　B. 疏水器不畅通

　　C. 加热器有泄漏　　　　　　　　D. 以上三种原因

5. 精馏塔温度控制最关键的部位是（　　）。

　　A. 灵敏板温度　　B. 塔底温度　　　C. 塔顶温度　　　　D. 进料温度

6. 精馏塔在操作时由于塔顶冷凝器冷却水用量不足而只能使蒸气部分冷凝，则馏出液浓度（　　）。

　　A. 下降　　　　　　B. 不动　　　　　C. 下移

7. 精馏的原理是什么？为什么精馏时要有回流？

8. 精馏流程中的主要设备有哪些？

9. 在本单元中，如果塔顶温度，压力都超过标准，可以有几种方法将系统调节稳定？

10. 若精馏塔灵敏板温度过高或过低，则意味着分离效果如何？应通过改变哪些变量来调节至正常？

参考文献

[1] 童孟良.化工操作岗位培训教程.北京：化学工业出版社，2012.

[2] 苗顺玲.化工单元仿真实训.北京：石油工业出版社，2008.